U0216896

食物绝境

[法] 尼古拉・于洛　法国生态监督委员会　卡丽娜・卢・马蒂尼翁 / 著
赵飒 / 译

图书在版编目（CIP）数据
食物绝境 / (法) 尼古拉 · 于洛, 法国生态监督委员会,
(法) 卡丽娜 · 卢 · 马蒂尼翁著；赵飒译. -- 北京：
中国文联出版社, 2017.12
（绿色发展通识丛书）
书名原文: L' impasse alimentaire
ISBN 978-7-5190-3311-8
Ⅰ. ①食… Ⅱ. ①尼… ②法… ③卡… ④赵… Ⅲ.
①转基因食品 - 研究②绿色食品 - 研究 Ⅳ. ①Q785②X384
中国版本图书馆CIP数据核字(2017)第294495号

著作权合同登记号：图字01-2017-5147
Originally published in France as : L'impasse alimentaire ? by Nicolas Hulot & le Comité de veille écologique & Karine Lou Matignon © Librairie Arthème Fayard, 2004
Current Chinese language translation rights arranged through Divas International, Paris / 巴黎迪法国际版权代理

食物绝境
SHIWU JUEJING

作　　者：[法] 尼古拉·于洛　法国生态监督委员会　卡丽娜·卢·马蒂尼翁
译　　者：赵　飒

出 版 人：朱　庆　　终 审 人：朱　庆
责任编辑：冯　巍　　复 审 人：闫　翔
责任译校：黄黎娜　　责任校对：任佳怡
封面设计：谭　锴　　责任印制：陈　晨

出版发行：中国文联出版社
地　　址：北京市朝阳区农展馆南里10号，100125
电　　话：010-85923076（咨询）85923000（编务）85923020（邮购）
传　　真：010-85923000（总编室），010-85923020（发行部）
网　　址：http://www.clapnet.cn　　http://www.claplus.cn
E-mail：clap@clapnet.cn　　fengwei@clapnet.cn

印　　刷：中煤（北京）印务有限公司
装　　订：中煤（北京）印务有限公司
法律顾问：北京天驰君泰律师事务所徐波律师
本书如有破损、缺页、装订错误，请与本社联系调换

开　　本：720mm × 1010mm　1/16
字　　数：103千字　　印　张：11.75
版　　次：2017年12月第1版　　印　次：2017年12月第1次印刷
书　　号：ISBN 978-7-5190-3311-8
定　　价：48.00 元

“绿色发展通识丛书”总序一

洛朗·法比尤斯

1862年，维克多·雨果写道：“如果自然是天意，那么社会则是人为。”这不仅仅是一句简单的箴言，更是一声有力的号召，警醒所有政治家和公民，面对地球家园和子孙后代，他们能享有的权利，以及必须履行的义务。自然提供物质财富，社会则提供社会、道德和经济财富。前者应由后者来捍卫。

我有幸担任巴黎气候大会（COP21）的主席。大会于2015年12月落幕，并达成了一项协定，而中国的批准使这项协议变得更加有力。我们应为此祝贺，并心怀希望，因为地球的未来很大程度上受到中国的影响。对环境的关心跨越了各个学科，关乎生活的各个领域，并超越了差异。这是一种价值观，更是一种意识，需要将之唤醒、进行培养并加以维系。

四十年来（或者说第一次石油危机以来），法国出现、形成并发展了自己的环境思想。今天，公民的生态意识越来越强。众多环境组织和优秀作品推动了改变的进程，并促使创新的公共政策得到落实。法国愿成为环保之路的先行者。

2016年“中法环境月”之际，法国驻华大使馆采取了一系列措施，推动环境类书籍的出版。使馆为年轻译者组织环境主题翻译培训之后，又制作了一本书目手册，收录了法国思想界最具代表性的40本书籍，以供译成中文。

中国立即做出了响应。得益于中国文联出版社的积极参与，“绿色发展通识丛书”将在中国出版。丛书汇集了40本非虚构类作品，代表了法国对生态和环境的分析和思考。

让我们翻译、阅读并倾听这些记者、科学家、学者、政治家、哲学家和相关专家：因为他们有话要说。正因如此，我要感谢中国文联出版社，使他们的声音得以在中国传播。

中法两国受到同样信念的鼓舞，将为我们的未来尽一切努力。我衷心呼吁，继续深化这一合作，保卫我们共同的家园。

如果你心怀他人，那么这一信念将不可撼动。地球是一份馈赠和宝藏，她从不理应属于我们，她需要我们去珍惜、去与远友近邻分享、去向子孙后代传承。

2017年7月5日

（作者为法国著名政治家，现任法国宪法委员会主席、原巴黎气候变化大会主席，曾任法国政府总理、法国国民议会议长、法国社会党第一书记、法国经济财政和工业部部长、法国外交部部长）

“绿色发展通识丛书”总序二

铁凝

这套由中国文联出版社策划的“绿色发展通识丛书”，从法国数十家出版机构引进版权并翻译成中文出版，内容包括记者、科学家、学者、政治家、哲学家和各领域的专家关于生态环境的独到思考。丛书内涵丰富亦有规模，是文联出版人践行社会责任，倡导绿色发展，推介国际环境治理先进经验，提升国人环保意识的一次有益实践。首批出版的40种图书得到了法国驻华大使馆、中国文学艺术基金会和社会各界的支持。诸位译者在共同理念的感召下辛勤工作，使中译本得以顺利面世。

中华民族“天人合一”的传统理念、人与自然和谐相处的当代追求，是我们尊重自然、顺应自然、保护自然的思想基础。在今天，“绿色发展”已经成为中国国家战略的“五大发展理念”之一。中国国家主席习近平关于“绿水青山就是金山银山”等一系列论述，关于人与自然构成“生命共同体”的思想，深刻阐释了建设生态文明是关系人民福祉、关系民族未来、造福子孙后代的大计。“绿色发展通识丛书”既表达了作者们对生态环境的分析和思考，也呼应了“绿水青山就是金山银山”的绿色发展理念。我相信，这一系列图书的出版对呼唤全民生态文明意识，推动绿色发展方式和生活方式具有十分积极的意义。

20世纪美国自然文学作家亨利·贝斯顿曾说：“支撑人类生活的那些诸如尊严、美丽及诗意的古老价值就是出自大自然的灵感。它们产生于自然世界的神秘与美丽。”长期以来，为了让天更蓝、山更绿、水更清、环境更优美，为了自然和人类这互为依存的生命共同体更加健康、更加富有尊严，中国一大批文艺家发挥社会公众人物的影响力、感召力，积极投身生态文明公益事业，以自身行动引领公众善待大自然和珍爱环境的生活方式。藉此“绿色发展通识丛书”出版之际，期待我们的作家、艺术家进一步积极投身多种形式的生态文明公益活动，自觉推动全社会形成绿色发展方式和生活方式，推动“绿色发展”理念成为“地球村”的共同实践，为保护我们共同的家园做出贡献。

中华文化源远流长，世界文明同理连枝，文明因交流而多彩，文明因互鉴而丰富。在“绿色发展通识丛书”出版之际，更希望文联出版人进一步参与中法文化交流和国际文化交流与传播，扩展出版人的视野，围绕破解包括气候变化在内的人类共同难题，把中华文化中具有当代价值和世界意义的思想资源发掘出来，传播出去，为构建人类文明共同体、推进人类文明的发展进步做出应有的贡献。

珍重地球家园，机智而有效地扼制环境危机的脚步，是人类社会的共同事业。如果地球家园真正的美来自一种持续感，一种深层的生态感，一个自然有序的世界，一种整体共生的优雅，就让我们以此共勉。

2017年8月24日

（作者为中国文学艺术界联合会主席、中国作家协会主席）

序言

被绑架的健康

另辟蹊径

序言

如果说哪个领域的问题比答案多，那一定是农业和食物领域；如果说在哪个领域里环境通常是次要因素，那一定也是这个领域；如果说哪个领域里环境和健康密不可分，肯定还是这个领域。

我的第一感觉是，如今全球的农业既是经济发展的必然结果，也是摄取食物的必要手段；而我真正深信不疑的是，如今的农业既是一场生态灾难，也是对健康的威胁。

我们对待这个问题的态度通常是武断的：要么把所有过错都推在农民身上，却忘了他们中的绝大部分人都是今天这种扭曲而毫无作用体系的受害者，而我们并不知道他们在20世纪后半叶曾扮演伟大而关键的角色；要么迟迟不愿提及生态问题，担心会伤害既神奇又很需要勇气来从事的农耕职业。今天看来，这两种态度都没什么意义，而且十分轻率。

当今世界需要的是可持续发展，我们不能随随便便做出对环境有灾难性后果的行为，也不能无视我们受到的健康威胁以及得到的经济后果，毕竟人类社会迟早要对这一切负责。人类正面临全球性缺水，而仅农业这一项产业就耗费了全球70%的水资源，何况地球可以利用的水也只是水资源中极小的一部分。

同样令人无法接受的是，对于人类来说，农业是温室气体的主要来源之一，而我们深知与气候变化相关的危险有多可怕。除此之外，农业破坏了生物多样性，并且可能还要对洪涝灾害负一定责任，因为对土地的调整削弱了土壤保水能力。

我也不想说得太深入，以免让读者感到难过，可是各种关于某些做法的因果关系的假设实在是层出不穷，比如抗生素、杀虫剂、杀菌剂等的滥用和各种病症之间的关系，更别提动物的可悲处境了。

毫无疑问，即使人们墨守成规，也不得不为现实作出改变。出于理智，我们不得不秉持公正，把所有问题都摆到台面上来，以指导社会与消费者作出选择——因为未来将出现的变化，或者适应性调整，不能一股脑地推给农民，所有欧盟机构组织都应对此负起责任来。

这本书反映的正是尼古拉·于洛自然与人类基金会生态监督委员会的使命：参与信息沟通，鼓励思考与讨论，尝试将理智与不理智区分开来，在真相出现时及时揭示，以及将评价标准普及给每一个人。

希望这本书能够提高上述意识，让各方参与者不再相互质疑，而是团结起来。这是我们唯一的宏愿。

尼古拉·于洛

Nicolas Hulot

世界之所以危险，不在于有人作恶，而在于有人袖手旁观。

——阿尔伯特·爱因斯坦

前言
生于水土

45 亿年前，地球还只是熔岩和气体混杂成的一团物质。过了 10 亿年，地球开始固态化，覆盖在地球表面的水中很快有了生命。最初的细菌以发酵糖维生，而随后出现的微型藻等生命形式则能够消化周围有毒气体，从阳光中摄取能量（光合作用），特别是能向大气中排出氧气！多亏了这种不可思议的化学反应，天空变蓝了，空气变得可以呼吸了，生命也终于可以开始在海洋外繁衍了。

公元前四亿三千万年，由于水位下降，绿色藻类离开了海洋，开始征服荒芜的土地。为什么这些藻类是绿色的？是因为它们含有一种绿色的色素，即叶绿素（chlorophylle，来源于希腊语中的 khlôros，意思是“绿色”）。藻类中的叶绿素有时会被其他颜色掩盖，如蓝色、黄色、棕色或红色。臭氧层形成了真正意义上的阳光屏障，保护这些藻类免受紫外线侵害；由于逐渐适应了随潮汐节奏而走、暴露在空气中的生活，这些藻类逐渐在陆地上安顿下来，随后出现了最初的导管植物，再后来又出现了苔藓。藻类分解后使土壤变得肥沃，并形成了脆弱但非常重要的土壤层——腐殖土。待到大约公元前三亿八千万年，地面上最终覆盖了一层肥沃而潮湿的土壤，在接近 30 米高的巨型蕨类植物出现之后，出现了最初的树木。

自然——合作者

能人（Homo habilis）出现于距今约三百万年前。这种脆弱的生物在对他们来说十分危险的世界里处境堪忧，但最终还是适应了各种各样的气候、饮食和不利的环境。随着时间的推移，人类从最初的猎物和食腐者，逐渐变成了狩猎—采集者。对于猎物的习性和用于充饥的野生植物的生长周期，人类都展现出极大的兴趣。他们开始观察野生谷物的自然播种，并决定在产粮地附近安顿下来——这简直是天意。经过无数代人的文化、生物和技术演进，人类学会了通过不同方式利用大自然。

渐渐地，人类变成了定居生物。气候变化导致出现了新的植物物种，而农业也在大约一万年前开始出现在新月沃土地区（近东地区）。除该地区外，中国、中美洲和新几内亚也分别形成了较大的农业区。实现了对植物的利用后，由于动物被村落附近的耕地和垃圾所吸引，又形成了对动物的驯养。

借助这些额外获得的优势，人类实现了规模超乎想象的人口扩张，技术也日臻完善，几个世纪后，出现了旨在管理财产和保护财产不受觊觎的真正意义上的经济、政治和军队。

人类：大地的倾听者

大自然的恩惠诚然很多，但是慷慨的同时，它也有残酷的一面，会使人类饱尝饥荒之苦。最初的定居人类将自然母神列为神话体系中的众神之一，它象征着繁殖力和生命、死亡与重生的循环。围绕着这样一种信仰，逐渐形成了一种建立在人与自然和谐关系基础上的宗教情感。人类向自然供奉祭品，虔诚祈祷，以期获得自然的仁慈与慷慨。人类倾听着大地；为了保护大地的生息周期，人类对大地进行耕种。

随后，农牧方面的实践和技术不断发展。家畜占用的空间越来越大，各个生活困苦的族群于是对森林和荒地开战。公元 12 世纪以来，随着犁和各种金属工具不断改进，人类在不停地改变欧洲西部地区的风景和土壤生物平衡。征服、统治和驯服大自然的时刻终于来到了。自然母亲失去了她的地位。

毁灭性农业

从二战结束开始，一切都在加速发展。农业的生产速度必须越来越快，才能养活不断增长的人口。很快，传统农业开始为产量所困。现代化要经由工业化来实现，于是出现了化肥、杀虫剂、机械化生产、连作[①]以及集中饲养，而动物也就此沦落为生产的机器。经过整治的田地，周围的篱笆都拔掉了，土地光秃秃一片，接受雨水的冲刷。在农垦的过程中，被认为缺乏竞争力的男人和女人不得不离开他们的土地，前往城市：这就是农村人口外流现象。自 20 世纪 60 年代起，遗传学专家建议从根源上改变植物与动物物种，以达到进一步提高产量的目的。从此，土地不再被视为一种能够进行自我再生的生命体，而是一种必须加以控制，好让少数几家国际工业企业投资得到收益的生产资料。

蹂躏下的自然与人类

如今，这种密集型农业对土壤侵蚀、气候异常以及空气、水、食物质量的下降要负有一定责任。这种农业在很大程度上导致野生植物与动物物种消失，由此而消失的还有许多人工饲养的动植物，而它们也是人类自然与文化遗产的一部分。为了对部分物种的发展进行标准化和优化，大量其他物种被消灭，严重降低了基因多样性。体质被削弱的动物集中圈养，导致了各种健康灾难：亚洲、荷兰和加拿大的禽流感蔓延、

① 连作是指一年内或连年在同一块田地上连续种植同一种作物。

疯牛病、被二噁英污染的肉粉、牛奶中的生长激素以及施播粪便、肥料和杀虫剂导致的含水层污染，等等。

生产至上主义经济的法则还迫使全球数百万农民放弃自己的土地和作物，转而为富有的国家饲养牲畜和种植粮食。集约农业不但永远无法解决饥荒（目前，全球约有 8.4 亿人处于饥饿状态，这些人主要生活在农村地区，而每天还有约 2.4 万人死于饥饿）、粮食不安全以及不平等问题，而且未来的几年里，这些问题还可能变得越发严重，毕竟全球农业劳动力的四分之三，也就是 10 亿人将进入劳动力市场，这会导致超大型城市的人口愈加庞大。

负起责任

这就是农用工业的模式和运作方式。我们极力吹嘘其优点和成果，却从没有人指出这些优点和成果造成的经济、人文、社会、生态和健康灾难有多么深重。难道这就是我们为子孙后代制造的未来吗?

政府几乎从不关心这种灾难性的现状，似乎这是为了获得被奉为至圣的经济增长所需要付出的必然代价。然而他们忘记的是，无论在法国还是国外，都存在着其他有效的替代办法和可持续农业的良好模式。

现在亟待改变的是我们作为消费者的行为方式，这样才能确保饮食这种行为本身既不会对人类自己构成威胁，也不会成为一种针对日渐贫穷的南部国家犯下的罪行。如果要对这种应该为那么多人类惨剧负责的体系提出质疑，那么现在正是时候。

不过，要搞清人类为什么会变成如今这样，首先还是应该追本溯源。

农业是经历了怎样一种神秘的过程才在全球遍地开花的呢？它在人类进化的过程中扮演了什么角色？为什么人类先是把自然奉若神明，随后又对其进行野蛮开发？几个世纪以来，农业经历了哪些重大变革和生态灾难？今天都存在哪些滥用情况？在这条路上继续走下去的话，为什么会对我们和子孙后代的生存造成威胁？如何实现饮食安全，同时让全球所有农民能够自由开垦自己的土地？最重要的是，如何在不毁灭地球和回归石器时代的前提下养活全球 60 亿人口？

为了回答这些问题，也为了了解农业史上的重要变更及其对人类和环境的影响，以及危害人类的各种阴谋诡计，还为了探寻以尊重自然为前提的新的农业种植视角和方式，尼古拉·于洛基金会生态监督委员会的各位杰出专家将为我们指引方向：

罗兰·阿尔比尼亚克（Roland Albignac）：动物学家，法国贝桑松弗朗什 - 孔泰大学教授；

多米尼克·布尔格（Dominique Bourg）：哲学家，法国可持续发展跨学科研究中心主任，特鲁瓦科技大学教授；

让-保罗·德莱亚热（Jean-Paul Deléage）：科学史学家，奥尔良大学教授；

菲利普·德布罗斯（Philippe Desbrosses）：农业生产者，环境科学博士，布鲁塞尔专家，欧洲圣玛尔特农场试点中心主任，农业部下属全国农产品与食品标签及认证委员会生态农业处主席；

弗朗索瓦·盖罗勒（François Guérold）：水生生物学家，生态毒理学家，梅兹大学生物多样性与生态系统运行实验室讲师；

莉莉安·勒戈夫（Lylian Le Goff）：医学博士，法国自然环境联合会"生物技术"考察团以及布列塔尼地区健康会议成员；

弗朗索瓦·普拉萨尔（François Plassard）：农业工程师，巴黎一大经济学博士，前领土发展官员，地方发展积极参与者；

马蒂娜·雷蒙-古尤（Martine Rémond-Gouilloud）：法学家，马恩河谷大学海洋法、环境与风险专业教授。

卡丽娜·卢·马蒂尼翁

Karine-Lou Matignon

1

地球

哺育者

大自然母亲

脚下的生命

卡丽娜·卢·马蒂尼翁：地球已经45亿岁了。起初并不存在我们今天熟知的大地，那么大地到底是如何形成的呢？

菲利普·德布罗斯：当时地球还只是一个岩浆球，岩浆冷却下来后，水汽凝结成雨落下，形成了海洋。当时的大气中还没有氧气，而是由各种有害气体构成的。35亿年前，海洋中出现了微生物形式的生命。随后出现了藻类，其细胞能够采集阳光并制造能量——这就是光合作用，由希腊语中的phôtos（意为“光线”）和sunthesis（意为“结合”）两个词组合而成。有机生物诞生30亿年后，地球上却仍然只有海洋生物。

卡丽娜·卢·马蒂尼翁：当时地球外部是矿物的天下吗？

菲利普·德布罗斯：没有动物，没有鸟啼，连一朵花也没有，到处是一片荒芜。然后，奇迹出现！四亿三千万年前，一种藻类离开了海洋，开始征服大地，为地球表层的土壤增加营养。又过了几百万年，地球这块光秃秃的大石头上才开始出现细菌。同时出现的还有腐殖土，它由矿物质、水和空气构成，是一种植物赖以生存的泥质有机复合体，也是给地球带来生机的部分。它其实只是一层厚度勉强够 3 厘米的可耕种土层，是来自于生物的有机质日积月累和母岩蚀变共同作用的产物。

卡丽娜·卢·马蒂尼翁：岩石怎么能在蚀变后为植物提供营养呢？

菲利普·德布罗斯：其实只是一系列生物、物理和化学作用——风、阳光、雨水、植物根茎以及微生物。当然，这一切需要时间。最终，岩石中的矿物质被释放出来，混入水中，被植物的根茎吸收。

卡丽娜·卢·马蒂尼翁：腐殖土土层是由什么构成的？

菲利普·德布罗斯：植物残骸和矿物质。其实，它是一座不可思议的地下工厂，各种不同体积、形状和活动性的生物在这座工厂里相互依存。当你走在一片肥沃的土壤上时，你的脚下就是一片生命！这片土壤里有藻类、酵母、线虫（极其微小的蠕虫）、原生动物（单细胞动物）、处在真菌和细菌阶段之间的放射菌……每立方厘米就有 20 亿细菌，每克土壤含有 100 万真菌，还有数以百万计的蚯蚓——每公顷就是几吨（通常为1吨至3吨）！所有这些生物构成了土壤的消化系统。

卡丽娜·卢·马蒂尼翁：真是一支庞大的军队，不过它们到底有什么作用呢？

菲利普·德布罗斯：作用就是保障土壤的消化、转化和再生过程。酵母和霉菌作用于土壤的结构，而细菌则将植物残骸转化为新一代植物的养料；藻类固定空气中的氮素，维持土壤的吸收力和氧气水平；至于蚯蚓这种不知疲倦的耕作者，由于它们能够翻动重达每公顷（即1万平方米）2000吨的土壤，它们就保持了土壤中的空气流通，并且通过消化释放了植物所必需的营养物质。所有这些物种共同构成了一个庞大的生物群体，它们默默地经历着生生死死，每年每公顷120吨以上的土壤随之得到不断更新。

一个独立的体系

卡丽娜·卢·马蒂尼翁：所以土壤并不是一种简单的耕种工具？

菲利普·德布罗斯：很不幸，人类就是这样想的。其实正相反，土壤是众多基础生命形式的“大熔炉”，也是一个完全自治的世界。通过自行调整对其平衡发展有帮助的物种的活动，土壤实现了自我给养。正是这些生物学进程和数十亿微生物之间的相互依存，使得植物能够找到足够的养料。

卡丽娜·卢·马蒂尼翁：也就是说，早在人类出现之前，土壤中物种和物质的这种组织结构就已经调节到很完美的状态了？

菲利普·德布罗斯：当然了。在那个时期，土壤随着季节的更迭，消化着自己生产的植物，以此来实现自我给养和繁衍。这些植物和死去动物的分解促进了腐殖土的出现，到今天也是如此。土壤的肥沃程度，以及土壤中生长出的植物的质量，就取决于这种一刻不停的翻动和动植物的生死循环。

卡丽娜·卢·马蒂尼翁：这个循环是独立于其他物质之外运行的吗？

菲利普·德布罗斯：不，恰恰相反，所有生物是一个整体，而这个整体的转化需要光合作用，所以离不开水和阳光。植物将阳光作为能量的来源，而土壤的状态和植被则调节着气候和降水量。

卡丽娜·卢·马蒂尼翁：是土壤造就气候，而不是反过来的关系吗？

菲利普·德布罗斯：土壤通过植物蒸腾作用渗出必要的水分，以保持湿润（云和雨）和维持地表的生命。植物吸收动物呼吸所产生的碳，然后释放出动物和细菌所必需的氧气。没有植物，地上就不会有生命。土壤的良好状态是人类未来的关键。它能够调节大型生态系统，参与制造我们的食物，影响水质以及人类赖以生存的动植物物种的存续。

罗兰·阿尔比尼亚克：土壤和植被在维持有利于生命的微小气候方面扮演着重要角色，但是也不能忽视这种微小气候对区域性大气候的依赖。潮热的沙漠性温和大气候随着季节向南北两极呈现出越来越寒冷和多变的趋势。

卡丽娜·卢·马蒂尼翁：现在地球上还有像从前那样肥沃的土壤吗？

菲利普·德布罗斯：亚马逊的原始森林是世界上动植物物种密度最高的地方之一，仅是已经发现的动植物就有约一百万种！在这个森林中，每公顷土地上几乎都找不到两棵同种的树。澳大利亚的塔斯马尼亚岛也呈现出距今几百万年前地球的风貌，各种生命不可思议地混杂生存在潮热的空气环境中，依赖着地上薄薄一层适耕土壤。在更温和或更寒冷的气候环境中，自然会生存着其他类别的动物和植物。

农田

卡丽娜·卢·马蒂尼翁：为什么每平方米会有这么多植物？

菲利普·德布罗斯：土壤的养分源自生长于土壤的植物，所以土壤表面必须生长着很多种植物，而这些植物的部分残骸将回归土壤，以确保土壤的持续性，这也是土壤在依赖光能的基础上进行自我给养的原理。

卡丽娜·卢·马蒂尼翁：形成这种脆弱的土壤层需要多长时间？

菲利普·德布罗斯：在气候温和的地区，大约每 500 年才能形成 1 厘米厚的可耕种土层（在热带地区，有机体的再循环要更快一些）！首先是形成阶段，与上述物质在土壤中的分解有关。土壤周围的气候，水的流向和微生物的作用促进这一过程的发展，经过这个阶段后，土壤就达到成熟状态了。

卡丽娜·卢·马蒂尼翁：我们的祖先很早就产生了利用土壤这一重要财富的念头？

菲利普·德布罗斯：农业诞生于公元前 10000 年至公元前 7000 年之间的新石器时代，那是由狩猎—采集者的游牧部落时代向我们这个时代过渡的时期。农业同时在全球多个地区开始发展，而我们曾经在很长一段时间内认为农业仅仅发源于一个地方，那就是新月沃土地区。该地区自埃及尼罗河南岸一直延伸至美索不达米亚，呈拱形，这也正是该地区名字的由来。大约公元前12000年，东地中海地区就已经出现了纳图夫[1]村落。

卡丽娜·卢·马蒂尼翁：人类是如何发明出农业来的呢?

菲利普·德布罗斯：农业并不是人类发明出来的，它其实是漫长的人类进化过程的产物。人类想要适应环境，就必须改善自己的食物安全。有些河谷地区猎物和粮食丰富，人类自然就会产生放弃游牧生活，安定下来，过上群居生活的欲望。起初，他们建立起村庄，但仍然从事狩猎活动。他们学着掌握植物的生长周期，尤其注意到这样一种特殊的现象：开裂现象，也就是野生谷物的自然播种现象。谷物的穗和荚在成熟后爆裂，向土壤表面弹射出种子，物种借此得以延续。我们的祖先很可能就在这些农田附近安顿下来，随后履行了大自然所做的事情。

卡丽娜·卢·马蒂尼翁：然后，他们选中了那些产量最大而且生长周期最有规律的物种?

菲利普·德布罗斯：完全有这个可能。从那时起，人类不再单纯地汲取他所需要的东西，而是从事生产并控制自然。族群里最弱势的那部分人——孩子与老人，曾经长期被荒野中的四处奔波折腾得筋疲力尽。孩子是部落的未来，而老人

---

① 纳图夫是约公元前10000年的史前人类，生活在地中海以南的中东地区，是公认的农业发明者。

则是部落的记忆，他们从此有了食物保障。

农业，人类的动力

卡丽娜·卢·马蒂尼翁：因农业改变了人类的生活吗？

菲利普·德布罗斯：改变还很大呢！社会逐渐形成，智力和技术的演进也在加速。人类磨光石头以制造工具，用制陶技术生产陶器，方便了烹饪和种子与油料的储存。定居生活创造出了新的社会和经济行为。每个人的角色逐渐明朗起来，社会等级和专业分工也确定下来：手工业者、牲畜饲养者、猎人、耕作者、贵族、战士，等等。同时，还出现了商业规则，通过物物交换，专业技术和财富——珠宝、工具、石头、植物与动物——得以分散开来，从近东[①]到地中海地区，随后传播到北欧。出于气候变化的原因，公元5世纪，第一批法国农民，也就是今天法国农业生产者的前身，在法国安顿下来。

卡丽娜·卢·马蒂尼翁：人类很快就从最初重视团结和集体生活的农村发展出了城市？

菲利普·德布罗斯：是的，最开始出现的是社会劳动分

① 近东指地中海东部沿岸地区，包括北非与西亚。

工的城市，随后公元前 3000 年在美索不达米亚又出现了城邦。想要保存和守卫收获的粮食，就需要军队、城堡和围墙。在殖民的过程中，又形成了奴隶制，为耕作提供必要的劳动力。

几乎在世界范围内，人类或使用武力或通过和平方式疯狂地征服地球，哪怕是那些人类最无法到达的地方，例如山区。在那里，人类又发明出了梯田种植。人类展示出的这种决心显然对人口数量产生了影响。1 万年前，人口数量在 500 万到 1000 万之间；出现农业后，人口数量在公历纪元初期达到了约 3 亿，并在工业时代之初的 1750 年超过了 8 亿。1930 年，欧洲人口达到 4.62 亿，是当时地球上人口最密集的地区。而今天，全球人口已经达到了 60 亿以上！

卡丽娜 · 卢 · 马蒂尼翁：农业发展会带来新的工具变革吗？

菲利普 · 德布罗斯：最初人们使用镰刀收割谷物。公元前最后一个世纪，在高卢地区出现了长柄镰刀；随后又出现了耕地用的犁和除草用的钉齿耙。这些工具显然也催生了新的用在动物身上的轭具，如用在马身上的颈圈、用在牛身上的角轭。

被驯服的自然

卡丽娜 · 卢 · 马蒂尼翁：人类是在什么时候产生利用动物犁地

的念头的呢?

菲利普·德布罗斯：就像当年驯养动物一样，并没有一个事先设计好的具体计划，人类很可能是在观察了牲畜的行为和本能后才打算用动物犁地的。马似乎先是在公元前2000年被套住用来耕地，1000年后才用来骑行。公元前4000年，中东地区发明了轮子，而轮子的使用则催生了第一台牛车。

卡丽娜·卢·马蒂尼翁：最开始有哪些农作物?

菲利普·德布罗斯：在禾本科植物中，有一种谷物在西方占有极其重要的地位——小麦。一开始的野生小麦，也称作单粒小麦，是徒手收割的。它在自然状态下生长，今天在伊朗和伊拉克陡峭的山坡上仍然可以看到这种小麦。人类学家和古植物学家认为谷物种植面积是在近东各地逐步扩张开来的，但始终只在野生小麦自然生长的环境附近扩张。其他植物，如大麦、软粒小麦、豌豆、小扁豆、野豌豆以及亚麻等也都曾是农业发展的基础作物。

卡丽娜·卢·马蒂尼翁：每一个伟大的文明是否都与某种谷物息息相关?

菲利普·德布罗斯：完全正确。欧洲的发展得益于小麦；古代中国人将土地称为“万物之母”，他们的繁荣建立在黍类和稻谷之上；美洲的发展与玉米有关，玉米的种植可追溯至公元前7000年。所有这些植物都在象征艺术和土地仪式中占有非常重要的地位，播种和耕种也被视为具有授胎意义的动作，而土壤则被视为母神，这也是目前已知的第一位神祇。古埃及人将农业的发现归功于奥西里斯，古希腊人则将其归功于德墨忒尔[①]——即繁殖力和繁荣的象征。最初的耕作者会在特定的日子里举行大型的庆祝活动，一般是在收获的季节，以庆祝谷粒的归来，而谷粒在几乎所有神话体系中都扮演着“永生之种”的角色。

卡丽娜·卢·马蒂尼翁：是德墨忒尔将农业和面包的制作传授给了人类吗？

菲利普·德布罗斯：她也带给人类饥荒，报复绑架了她女儿珀耳塞福涅的冥王哈迪斯。这些神话传说所反映的实际上是生死的轮回，以及从发芽到收获的周期往复。地下的珀耳塞福涅象征着收获的谷粒，也象征着人类文明通过耕种和休耕来控制并驯服的大自然所处的状态。

追求力量

卡丽娜·卢·马蒂尼翁：动物的畜养是出现在人类驯化植物之前还是之后？

---

① 德墨忒尔是希腊神话中司掌农业的谷物女神。

菲利普·德布罗斯：驯化了植物之后，人类意识到，如果能驯服靠近村庄来偷吃收获物的食草动物，会大有好处。北极附近地区的人类在公元前14000年至公元前12000年驯服了狗，中东和欧洲则是在公元前10000年至公元前8000年间驯服的。山羊、绵羊和牛的驯服发生在公元前10000年至公元前9000年，它们的前身都是野生物种。猪在大约公元前8000年被驯服之前也是野猪。

卡丽娜·卢·马蒂尼翁：畜养动物的念头是忽然冒出来的吗？

菲利普·德布罗斯：完全不是。在驯服了体长超过两米、野兽般凶猛而危险的原牛后，人类得到了能全年供给牛奶的奶牛，而且农活的负担也大大减轻。人类哪里能预料到这种结果？人类只有在驯服动物之后才能真正理解这样做的好处。之后，人类又试着驯服一切物种。正如大部分动物驯服专家，如让-皮埃尔·迪加尔（Jean-Pierre Digard）强调的那样，这是一种满足人类好奇心和征服自然的欲望的方式。人类逐渐意识到，有些动物的秉性使它们在幼年时比其他动物更容易被驯服和摆布。就像驯化植物一样，驯服动物也是一项长期工作：挑选动物后，对它们进行长达几代的生育控制，还要保护它们免受捕食者和疾病的侵害。人类、动物和植物就这样形成了相互依赖的关系。

卡丽娜·卢·马蒂尼翁：驯服了自然和土地后，人类其实并没有真正获得独立和自由？

菲利普·德布罗斯：确实是这样。要饲养牲畜、保护牲畜、圈定地盘、创造私有财产，人类显然是被这些事情给束缚住了；然后还要保护满满的粮仓，建立设防的村庄、订立贸易规则、制造武器，解决当时就已经多到让人头疼的生态问题，例如土壤的枯竭、污染、流行病等。

卡丽娜·卢·马蒂尼翁：随着人类的定居、对土地的占有以及对土壤的开垦，人类与自然的关系是否发生了根本性的变化？

多米尼克·布尔格：新石器时代的变革具有极重要的意义，它使农业成为人类追求力量的出发点。随着畜牧和耕种的出现，在经历了与狩猎和采摘相关的漫长观察与学习过程后，人类与大自然其他部分的关系发生了根本性的变化。（我在这里引用了70年代美国生态学家保罗·科兰沃克斯的博士论文里的观点）

大地母神与牛头怪之子

卡丽娜·卢·马蒂尼翁：这种变化具体指什么？

多米尼克·布尔格：直到新石器时代，人类始终与一种特殊的生态角色息息相关：与任何其他物种一样，人类也扮演着某种特殊的角色，而且在各种生态系统中的角色都大同小异。只有在这种条件下，人类才能生存下去。然而，农业出现以后，人类完全可以不用改变形态就扮演多重角色，而且还能为了自身需要开拓出大量的角色。人类逐渐驯服、栽培和改造了大量物种，之后还在各种环境中塑造出多种多样的生态系统。这对人类来说是一种解放，也使人类获得了一种有利于掌权的突出地位。

卡丽娜·卢·马蒂尼翁：由此产生了神话和诸神，以证明和象征这种前进的步伐？

多米尼克·布尔格：农业最初在近东和中东的出现，大概与之前的一场宗教改革有着密不可分的联系。我很欣赏史前学家雅克·科文（Jacques Cauvin）关于这个问题的理论，农业的发明——至少在上述地区——似乎有着某种宗教背景，当时的人们突然放弃了他们古老的神话，转而崇拜新的形象，也就是所谓的诸神。

卡丽娜·卢·马蒂尼翁：人类创造出男性神明，是不是为了使自己安心，同时也为了制造权力？

多米尼克·布尔格：人类正是通过创造出强大的神明来发现自己作为人类的局限，并衡量局限的程度。这些巨大的神明形象是力量这一概念的化身，它们能够帮助人类认识到自己的限度。就像被从天堂赶出来的亚当和夏娃，他们忽然意识到自己一无所有，只能靠自己的辛勤和汗水耕耘土地获得食物。雅克·科文发现，《创世纪》的圣经故事中就反映了这种新的对限度的认识，他也从中看出后来出现的“进步”这一概念的第一个先决条件。在这一背景下诞生的农业，与其说是人类适应环境的结果或者是出于对缓解食物危机的迫切需求，不如说是人类征服生态系统的某些部分的一种尝试。

卡丽娜·卢·马蒂尼翁：在大自然以女神面貌示人的年代，这种念头并不存在吗?

多米尼克·布尔格：大自然的形象在那时是完全不同的。雅克·科文列举了可追溯到公元前10000年的女性象征形象。而500年后，这种形象变得更加强壮：女性变成了女神、宇宙之母、丰产的象征。野牛也成了一种强大的生物，它和女神一起代表土壤的丰产，而牛角则象征着复兴、力量以及同神祇进行交流的能力。在安纳托利亚[①]，尤其是在加泰土丘[②]，大地母神与牛头怪之子成为经久不衰的主题。也正是在这一时期，人类真正开始试图控制植物与动物。

---

① 安纳托利亚，又名小亚细亚，位于土耳其西部，是亚洲西南部的一个半岛。

② 加泰土丘是安纳托利亚南部的新石器时代人类定居点遗址。

掌控生命

卡丽娜·卢·马蒂尼翁：所以说，人类和自然之间的关系突然破裂了？

多米尼克·布尔格：不，并不是突然破裂，而是逐渐破裂的。第一个阶段是在古希腊，当时出现了与“超自然”相对的“自然”概念。例如，当时的人们开始将地震解释为一种自然现象，认为地震是一系列因果相互连续作用的产物，而不是什么神明随便大发雷霆的表现。很久以后的基督教宣扬人类的存在是为了完善上帝的创造，而人类可以通过技术改善生活。公元 11 世纪至 13 世纪的中古时期，农业革命推动西方基督教文明出现新一次的蓬勃发展，同时也实现了技术飞跃，那也是人口出现增长的一个转折期。人类不再死于饥饿，经济也开始发展，而这样的增长加速了城市化进程，推动了建筑学的进一步发展，各地也建起了大学，从而将此前一直专属于修道院的知识解放了出来。

卡丽娜·卢·马蒂尼翁：也就是说，人类从此进入了一个对力量有着完美构想的体系？

多米尼克·布尔格：必须注意，将基督教视为对力量和对征服自然的崇拜是错误的，是对神父传统的一种侮辱。因为神父传统的一个分支就是通过赞美人类与其他生物之间友爱的方济会来体现的。而基督教传统的另外一面则在与12世纪的科学发展结合后，制造出一种可怕的武器，向自然宣战。18世纪时，启蒙哲学巩固了人类的信仰、理智与进步，当时便出现了一种了解自然并征服自然的欲望。

卡丽娜·卢·马蒂尼翁：人类和自然关系的破裂并非一朝一夕的事情，而这种征服生活环境的趋势来源于一种文化传统？

多米尼克·布尔格：正是如此。它来源于圣经传统、古希腊传统、古罗马传统以及欧洲传统等。例如，公元前4000年至5000年，乌克兰和印欧平原地区首先实现了对马的驯服，继而使人类能够征服新的疆土，也能够更轻松地在战争中获胜。我们很可能就从这些人身上继承了西方文化中独有的对行动和效率的崇拜。

卡丽娜·卢·马蒂尼翁：在新石器时代，人类就已经开始对土地进行毫无规划可言的开垦了吗？

菲利普·德布罗斯：是的，伊朗东部的扎格罗斯遗址就是一个很好的例子。起初，那里气候温和，人类与很多动植物物种共生并存。公元前10000年，该地区遍布着橡树、禾本植物和草本植物。渐渐地，由于人类对土地进行胡乱开垦，伐光了树木，到处开辟牧场，导致土质加速恶化。这片往昔的沃土就这样变成了如今荒芜而干燥的景象。可以说，从新石器时代起，人类就已经开始目睹土壤的侵蚀，而这种现象在很大程度上是由人类的毁林行为造成的。

卡丽娜·卢·马蒂尼翁：这种对土地资源的过度开发后来就成了人类历史上一种反复出现的现象？

菲利普·德布罗斯：完全正确。在新石器时代、古代和中世纪，人类过度开发土地的理由和如今是一样的。为了迅速提升产量，当时的农民就已经在过度使用土地资源。他们开垦土地、滥伐树木，将牲畜群作为天然肥料的源泉，最终导致土壤枯竭，有时甚至造成局部的腐殖土消失殆尽，造成这些可耕地在很长一段时间里处于被搁置的状态。

从沃土到荒漠

卡丽娜·卢·马蒂尼翁：土壤是怎样走到荒漠化这一步的呢？

菲利普·德布罗斯：对土壤的侵蚀日积月累，就足以将土壤的形成过程颠倒过来。土壤侵蚀本来只是一种在风、阳光和水的作用下形成的自然现象，但通常只是表面侵蚀，很快就能得到修复。棘手的是人类或者动物有时会给土壤太大的压力。动物总是在同一个地方吃草，直到将最后一片植被连根吃掉才会罢休；同样，年复一年地在同一片土地上种植一种作物，也会使土壤变得越来越贫瘠。

卡丽娜·卢·马蒂尼翁：具体是怎样一种过程呢？

菲利普·德布罗斯：在过度开垦地区，腐殖土比例逐渐下降，周围环境的湿度也随着植被的减少而变得越来越低；再也没有腐殖土来固定的沙子就重新覆盖了地面，土壤开始矿化。这一系列的紊乱导致气候发生变化，进一步加速了恶化：雨量降低，大气升温，土地干旱，生命最终消失，土壤让位于荒漠。一片片沙海都来自腐殖土，沙子逐渐占到腐殖土成分的 50% 到 70%，它是土壤转化的最后一步：土壤中的成分停止了运动，导致了大范围的气候变化。

卡丽娜·卢·马蒂尼翁：所以说，如今的荒漠在以前曾经都是森林和原野？

菲利普·德布罗斯：是的，在气候温和的地区和地中海地区确实如此，不过在热带或寒带就不一定了。恶性循环几乎总是始于毁林，人类放火烧树，以开垦新的牧场，或出于经济或出于工业需要利用木材。例如，阿拉伯人就曾为保持军用锻造工场的火力不断而砍光了马格里布地区的树木。西西里岛曾是古罗马帝国的粮仓，如今却由于山地的森林被砍伐殆尽，变得了无生气。曾几何时，美索不达米亚被看作是一座美妙绝伦的大花园，如今却成了地球上最大的一片废墟。

公元前 2000 年，人类就已经由于缺乏可耕地而在地区间进行迁徙。土壤的侵蚀曾是征战、侵略和冲突的原因之一。无论在什么年代，世界各地都可以看到，只要是农业曾经繁荣过的地方，情况最后总会颠倒过来，有时甚至不过几十年。

卡丽娜·卢·马蒂尼翁：撒哈拉沙漠也曾经是绿洲吗？

菲利普·德布罗斯：当然。从岩画和岩刻上就可以看到往昔那里树木繁茂，还有带角的动物。可惜的是，如今从大西洋到红海一线的气候完全相同：没有雨季，白天气温高达50℃，晚上又降到0℃。要么是雨水极速蒸发，要么是暴雨倾盆而下。

罗兰·阿尔比尼亚克：热带地区的沙漠化进程在最近一个世纪变得异常严重，这在很大程度上是由错误的耕种方式导致的。这些方式通常都是直接从工业国家引进过来，却并未考虑热带地区完全不同的气候条件。说到气候变化，最近的几个世纪里，气候变化对地区风貌的转变也负有很大责任。人类曾经历过深重的气候灾难，尤其是仅仅在几千年前出现的冰期与间冰期交替的现象。

卡丽娜·卢·马蒂尼翁：中亚大湖咸海[①]的悲剧就是过度开发导致环境毁灭的最新教训，而气候变化并不是悲剧的原因。

---

① 咸海是位于中亚的哈萨克斯坦和乌兹别克斯坦交界处的咸水湖，20世纪下半叶以来由于人类不科学过度利用而迅速萎缩。

菲利普·德布罗斯：是的。20 世纪 60 年代，苏联政府决定在毗邻哈萨克斯坦和乌兹别克斯坦的地区引进棉花连作。两百万公顷的土地被改造成工业化种植用地，并不惜以损害粮食蔬菜种植产业为代价对这片田地进行灌溉。政府为此将两条汇入咸海的大河（阿姆河和锡尔河）强行改道。这一系列做法导致的后果就是咸海逐渐干涸，如今已彻底消失，现在那里剩下的只是一大片荒漠以及被肥料和杀虫剂污染的水体，殃及 500 万人口。此外，水分蒸发后，在地表留下了一层盐，被风带到其他地方，覆盖在可耕地上。结果，饮用水受到污染，新生儿死亡率在全球名列前茅，曾经有 30 种鱼类生活的咸海如今仅有两种鱼。

解脱的农民

卡丽娜·卢·马蒂尼翁：人类的福祉和未来是取决于环境状态的，对吗?

菲利普·德布罗斯：这两者其实是相互作用的。农村地区组织结构的分崩离析使大批人口从生产者变成了有依赖性的消费者。对土地的弃置是一种灾难，它威胁着世界经济的平衡和自然资源的存续。我们可以再从历史中挑出一个例子——埃及尼罗河谷地。

卡丽娜·卢·马蒂尼翁：那里发生了什么？

菲利普·德布罗斯：尼罗河谷地曾经是近东最富饶的地区之一，那里的农业发达程度简直家喻户晓。尼罗河会季节性涨水，当水退去后，会在平原上留下种植小麦、大麦和小扁豆所需的淤泥。一次大丰收就可以养活 700 万人。到了 20 世纪 60 年代，那里的人不想再让尼罗河涨水，想控制尼罗河的水能，于是就建起了全世界最大的水坝之一——阿斯旺水坝，为水电站供能。

卡丽娜·卢·马蒂尼翁：这座大坝带来了什么后果呢？

菲利普·德布罗斯：诚然，大坝为这个没有石油资源的国家提供了廉价能源，但河里的 1.8 亿吨淤泥很快再也不能像过去那样滋养土地了。尽管使用了大量的化肥，农业还是面临着土质下降的问题。在水分饱和的地区，含盐的地层不断升高——毕竟肥料也对盐碱化起着推动作用。地表的盐层就这样毁掉了几十万公顷土地上的全部植被。

卡丽娜·卢·马蒂尼翁：我们再回到农业史上来，在从新石器时代开始的这一系列可怕的混乱之后，又发生了哪些重大变化呢？

多米尼克·布尔格：有必要指出的是，从最初的人工农业到公元前 4000 年近东出现摆杆步犁以及中世纪时欧洲出现轮犁后形成的役畜农业，是农业发展的一大步。然而，第一次重大的农业变革是出现在 11 至 13 世纪，当时出现的一些新的农耕方式极大地刺激了农业经济的发展，如实行三年轮作（在同一片土地上轮流种植三种植物）的休耕（土地休养）制度，圈养牲畜并收集厩肥以滋养土地，以及采用重犁耕作（用轮犁代替摆杆步犁，需使用锹或锄翻土）。直到 17 世纪，一种新型农业才在荷兰出现并发展起来，也就是如今现代农业的前身。那是世界上第一个半数人口从事农业生产并养活了剩下另外一半人口的人类文明！

卡丽娜·卢·马蒂尼翁：所以说这些革新产物显著提高了土地的产量和农业生产力?

多米尼克·布尔格：中世纪的革新也带来了人口的显著增加和经济的繁荣。接着，工业革命又刺激了购买力，同时也促进了技术的改良。最后，第三大步发生在 19 世纪的英国和美国，始于机械化，终于人工化。当时出现了金属犁、摊草机、播种机、捆割机等。自 1945 年起，机械化—人工改造模式在全世界推广开来，影响范围极大，而人们远未曾考虑这种模式的后果，这就是绿色革命[1]。

---

① 绿色革命是指20世纪60年代至90年代发展中国家依靠农业技术改革实现粮食产量大幅提高的现象。

绿色革命

被牺牲掉的人类与自然

卡丽娜·卢·马蒂尼翁：法国是如何从传统农业过渡到工业化农业的呢？

菲利普·德布罗斯：1958年，路易·阿尔芒和雅克·鲁夫这两位经济学与社会展望学专家向戴高乐将军提交了一份关于初步建立经济扩张基础的报告，其目的在于使法国成为可以与英国比肩或者至少可望其项背的工业强国。为了实现这一计划，劳动群体被分成三六九等，农民群体的利益受到损害，以至于他们中的大部分人，尤其是家庭农业生产者被迫离开自己的土地来到城市，成为工业部门（尤其是汽车行业）的劳动力。

卡丽娜·卢·马蒂尼翁：这种社会不平等是怎么形成的呢？

菲利普·德布罗斯：那简直是世上最厚颜无耻的做法！我

可以引述一段鲁夫和阿尔芒当时的报告原文："只有让农业劳动者的生活水平长期远低于其他行业的劳动者，价格机制才能在农业领域发挥其应有作用。"这太疯狂了，不是吗？

卡丽娜·卢·马蒂尼翁：造成了怎样的后果呢？

菲利普·德布罗斯：这种情况导致了那些从这种人工模式的角度来看收益不足的小型农场就此消失，包括400万农民在内的1000万人不得不离开他们生活了40年的农村地区。这些人失去了他们的人生坐标、记忆和身份。在法国，每年都有35000座农场消失，平均每15分钟消失一座！而欧洲议会的计算结果显示，每当失去一座农场，就会减少5个直接或间接的就业机会，也就是说，每年有15万个就业机会凭空消失。最后就形成了一种无声的财富流失和困境，再也没有人愿意走出家门，因为这是一种不可言说的损失。

卡丽娜·卢·马蒂尼翁：可以说农业经济是被牺牲掉的吗？

菲利普·德布罗斯：完全可以这么说。实际上，一部分农村人口背井离乡，变成弱势群体被迫依赖他人；而对工业革命的渴求又催生了科技农业时代，这种农业生产在第二次世界大战结束后不久就出现了，其目的在于提高产量。

当然，那个年代有这样一种逻辑：国家处于经济灾难之中，战争造成的食品短缺问题亟待解决。产量这一概念很快就变成了一个优先事项，同时却使质量大打折扣。它搅乱了所有人类社会体系。

弗朗索瓦·普拉萨尔：值得注意的一点是，20世纪70年代，超级市场在法国蓬勃发展，随后被引进美洲，标志着农业向融入工业发展迈出新的一步。

卡丽娜·卢·马蒂尼翁：对于一部分已经习惯了不稳定生活的农业人口来说，这些向着现代化和致富进行的转变还是挺有吸引力的吧？

菲利普·德布罗斯：那是自然，不过同时也引发了一系列恶性的连锁反应。例如，用更高效的机器代替役畜，确实方便了人类工作，但也使土壤无法再获得天然肥料的滋养，这些肥料对于土地来说能起到酵母的作用。为了弥补这一不足，就开始使用人工肥料，而不再用于耕地的动物则被集中在场院进行所谓的“无土”厩养。很多农业生产者都在走这条路，毕竟进步和现代化的目标是实现产量的提高和工作的简化，谁又能抵挡这种诱惑呢?

苦涩的繁荣

卡丽娜·卢·马蒂尼翁：农业生产者是如何受到鼓励进行这种改变的呢?

菲利普·德布罗斯：上门推销员、农用工业公司的探子以及农业技术员都在这方面的推广与沟通工作中作出了巨大贡献。1945 年，法国国家农业经营者工会联合会（FNSEA）正式成立，其目标在于使农民成为“现代、进步以及融入工业社会的”农业生产者。改良后的拖拉机被提供免费试用，土地也用来测试肥料。土地受到化肥的刺激后，变得异常丰产，以至使用动物牵引的农机完全无法满足收获的需求。既然如此，就只好换掉它们。被逼到墙角的农业生产者不得不加入疯狂的机械化进程中，而这一进程总是朝着更大功率、更加精良的方向发展，但最终适得其反。1947 年，一辆拖拉机的价值等同于 120 公担[①]小麦，而如今同样功率的拖拉机的价值是当年的 10 倍，甚至超过了它应该生产出的价值总和。

卡丽娜·卢·马蒂尼翁：所以现代化也是有局限性的？

菲利普·德布罗斯：当然了！如今，人们很高兴地看到，曾经 30 个人才能勉强收完的地，现在一个人和一台收割机就能搞定。只是在农学家安德烈·加特隆（André Gattheron）看来，人们忽略了需要多少人去建造和保养这台收割机。这样考虑，人们就会意识到，1 公担小麦已经无法养活所有参与到这块农田生产中的人了。人们还越来越痴迷于机器性能，自 20 世纪 60 年代年以来，农业生产者的债务每五年就要翻一番，但

① 公担，公制重量单位，1 公担等于 100 公斤。

没人对此感到震惊。这一行业自杀率最高，绝非偶然。

卡丽娜·卢·马蒂尼翁：农业生产者又负债又遭灾，但却总被鼓励不断提高产量。

菲利普·德布罗斯：他们确实受到了丰厚补贴的鼓励。但是，这里面也存在着荒唐的现象：仅占全部农业生产者 15% 的生产至上主义者却获得了 83% 的补助。在法国，补贴金额连年增加，已达到了每年 270 亿欧元。这笔钱是通过怎样的奇迹制造出来的呢？那就是纳税人——消费者将相当于食物三分之一的价值拿去交税，而税务机关再把这笔钱投入到农用工业体系中去。

卡丽娜·卢·马蒂尼翁：我们知道，欧洲已经苦于生产过剩，这个时候再刺激生产，似乎有些矛盾。

菲利普·德布罗斯：这些过剩产品的库存费用显然都由纳税人来承担，而这笔费用比生产成本还要高！牛肉就是这样，在欧共体的冰箱里存了好多年才最终被销毁。每年都有数十万吨各种过剩产品面临同样的命运。

卡丽娜·卢·马蒂尼翁：是否可以说，自 20 世纪 70 年代以来，农业市场就已经出现了大范围的生产过剩现象？

菲利普·德布罗斯：确实如此。生产过剩，行情就要走跌，而为补偿价格下降所投入的各种补贴和补助，实际上只是使停滞的局面变得愈发严重。

弗朗索瓦·普拉萨尔：农业产品过剩导致的价格下降（5%的过剩产品就可以造成价格减半）对农业生产者来说就是灾难的代名词，历来如此。农民起义就是这么来的！也许正是出于这些特殊原因，我们从来没看到过历史上有敢于无视农业问题，把它完全交给市场解决的政权。

真正要付出的代价

卡丽娜·卢·马蒂尼翁：按照如今这种模式，农业要花费集体多大成本呢？

菲利普·德布罗斯：1999年的共同农业政策（PAC）占欧洲预算的一半，即每年450亿欧元，也就是说平均每户每年457欧元，以各种补贴、补助和奖金以及补偿金的形式发放。此外，生产至上主义农业的能源成本也是惊人的：消耗掉的比生产出来的还要多！一种食物通常要走上相当于绕地球三圈的距离，才能最终送到消费者的盘子里；在此期间，它不但消耗了宝贵的水资源，而且还制造出导致臭氧层变薄的温室气体，并且产生数吨污染物。要知道，生产1吨粮食需要1千吨水呢！

卡丽娜·卢·马蒂尼翁：货币指数乐于看到产品过剩，但却掩饰了农业生产的条件？

菲利普·德布罗斯：这方面有各种数不清的例子，每一个都很有说服力：生产一株温室生菜需要消耗1升燃料油！同样，1卡肉类需要消耗80卡的石油！快餐店的一块牛排，会使5平方米的原始森林变成牧场。在美国，每天光做汉堡就要用掉1千吨牛肉丸，直接加快了南美和中美的毁林速度。如果一头牛可以用来制作1500顿饭，那么饲养牛所用的粮食可以制造出18000顿饭，因为1克动物蛋白的价值相当于7~9克植物蛋白。

弗朗索瓦·普拉萨尔：1994年7月，《科学美国人》（*Scientific American*）杂志将传统的混合栽培和工业化农业进行了对比。前者生产100个单位的食物需耗费5个单位的能源投入，而生产同样100个单位的食物，后者则需耗费300个单位的能源投入。因此，研究员皮门特尔和杜佐讷认为，如果我们自1990年起就已经依靠这些农用工业技术养活了50亿人，那么石油储量从1996年就开始走向枯竭了。另外，尽管我们的国家领导人声称对粮食出口感到满意，但要知道每出口价值10亿法郎的粮食，就要补贴近10亿法郎！

吞噬森林的牛

卡丽娜·卢·马蒂尼翁：所以说，砍伐亚马逊森林是为了建造牧场？

菲利普·德布罗斯：在巴西，1% 的大型经营者掌握着 50% 的土地，巴西也因之成为世界第一大牛肉出口国（1997 年至 2004 年间，出口量从 30 万吨增至 140 万吨），然而与此同时，6000 万巴西人却面临着食物匮乏的困境。结果便是，根据国际林业研究中心的一份报告估算，80% 的亚马逊森林遭到砍伐变成牧场。按一头牲畜占 1 公顷的比例来计算，巴西的牲畜数量从 260 万一跃而至 570 万，那么 10 年间就有 172 万公顷森林遭到砍伐，相当于乌拉圭的国土面积，或者葡萄牙面积的两倍！

罗兰·阿尔比尼亚克：亚马逊森林的遭遇，绝非个案。国际上对肉类的需求之大，促进了热带国家的粗放养殖，以最大限度地降低成本。对开放地带（如长满青草的稀树草原）进行系统研究后，人们毫不犹豫地毁掉了数千公顷森林，将它们变成牧区。非洲和马达加斯加便是如此。

卡丽娜·卢·马蒂尼翁：德国记者克斯汀·忌廉也曾引用过发生在哥斯达黎加的一个很能说明问题的例子。

菲利普·德布罗斯：是的。1950 年，哥斯达黎加的森林覆盖率达到 72%（即 37000 平方公里），而到了 1997 年却仅剩 26%，每年仍然有 6 万公顷森林遭到砍伐，以让位于畜牧业。此外，肉类则以低得可笑的价格源源不断地送往美国和欧洲，可本国居民却要用高到令人咋舌的价格才能买到。肉是卖出去了，留下的却是枯竭的土地和日益贫困的国民。毁林后的第一年经营期间，至少需要1公顷草地来饲养一头牲畜；五年后，需要5~7公顷才能勉强做到这一点；再过几年，土地就彻底红土化（矿化）了，最终便成了不毛之地。目前，已有800万个体农民失去了土地。他们受到了大型军工企业的剥削，这些企业为了满足发达国家的需要而种植植物或养殖动物，却损害了个体农民的粮食种植。要知道全世界55%的植物蛋白都用来供应西方的畜牧业。

卡丽娜·卢·马蒂尼翁：也就是说，富人的牲畜比第三世界的人民吃得还要好？

菲利普·德布罗斯：完全正确。世界人口的25%消耗了全球60%的肉类，而用于发达国家牲畜养殖的粮食产量，比供应给发展中国家人民食用的粮食产量要高25%！这就足以说明问题了。下面这种概括的说法虽然简单，却是千真万确的事实：如果美国人能少吃一半的牛排，节省出来的食物足够每年死于饥饿的6000万人吃；每年仅美国人消费的牲畜，就能养活10亿营养不良的人口。

卡丽娜·卢·马蒂尼翁：这些营养不良的人口绝大多数都被迫放弃了曾经使用传统方式耕种的作物，转而投入崇尚生产效率的农业，却连自己都养活不了。

菲利普·德布罗斯：在泰国，木薯产量的90%都出口国外，但同时数千人忍饥挨饿却毫无办法。出口的利润都进了那些富有的经营者的口袋。曾经依靠传统方式维生的数千农民如今受到剥削，又穷又饿。他们能做的要么是适应残酷的市场法则，要么就彻底消失。在一些国家，老老少少成群结队地涌向贫民窟，以躲避工业化农业变革和世界贸易组织的规则所带来的后果。

商业独裁

卡丽娜·卢·马蒂尼翁：世界贸易是世贸组织的成果吗？

弗朗索瓦·普拉萨尔：世贸组织在1995年开始飞速发展，旨在调节和组织商品与服务的自由贸易，现有144个成员国，但只有少数几个发展中国家能够参与到决策中。世贸组织的总体目标是促进自由竞争，这一目标有着两个主要作用：其一是将生活的方方面面都转化成商品，从耕作到生物多样性，其中还包括食物、水以及各种谋生方式等；其二是为通过竞争法则而毁灭自然找到合理的解释。实际上，世贸组织并没有起到保护人类和大自然的作用，而只顾建立大型企业，满足那些有支付能力的消费者。

卡丽娜·卢·马蒂尼翁：绿色革命是通过世贸组织波及全球的吗？

菲利普·德布罗斯：很大程度上是这样的。不过在我看来，富有国家为促进商品自由流通——还美其名曰“自由贸易”——而强加的国际协议，实际上才是对人权最大的勒索。跨国公司不受限制的扩张正是通过摧毁当地经济来实现的。世贸组织抓住一个自给自足的国家，通过让它生产西方国家需要的消费品，将它变成一个出口国家。于是，这个国家很快开始依赖国际体系，几年后就因为贸易差而深陷困境，最终被其毁掉。

卡丽娜·卢·马蒂尼翁：所以贸然地将自由主义模式应用于传统经济会导致社会与经济混乱？

菲利普·德布罗斯：还有环境混乱！最近的例子是埃塞俄比亚。1990 年，发达国家试图将自由市场引入该国，目的是实现粮食的连作。但是，连作最终导致生产过剩，给国家带来了灾难性的后果。很快，丰收的大量粮食造成价格下跌，出口的粮食开始与西方国家大的产粮平原形成竞争，而过度开垦的土地也遭到破坏。如今，每年有 4 万公顷耕地消失，数千农民面临饥荒。政府甚至被迫重新调整整个农业产业，采取食物多样化、调整农村地区发展、预防土壤侵蚀以及保护水资源等措施。

卡丽娜·卢·马蒂尼翁：即将加入欧盟的国家也会经受同样农业模式的洗礼吗？

莉莉安·勒戈夫：这些国家深知，它们的农业——其中大部分农业仍然处在农户阶段——必须经历与法国一样的步骤。

因为无论人们发现多少变种，模式始终是那个模式。这是欧盟、欧盟共同农业政策、世贸组织和世界银行紧密合作的结果。这种合作成就了大宗金融交易，却损害了区域贸易的自主性。

自由贸易的破坏作用

卡丽娜·卢·马蒂尼翁：因此，这种合作削弱了某些国家的经济独立？

菲利普·德布罗斯：完全正确。我们可以联想一下，银行就曾使用过这种勒索手段，它们要求政府发展或保持工业化农业换取外汇，以偿还国家债务。巴西在1984年就曾经历过这样问题。巴西被要求保护德国一家大型跨国企业的杀虫剂市场，由此可以免除该国数十亿美元的贷款。同样，为了减少外债，巴西进行大规模毁林以建造牧场，为美国饲养牲畜。现在，问题非但没有改观，反而有所加重。目前，世界银行和自由贸易协议仍在继续扼杀着小生产者。

卡丽娜·卢·马蒂尼翁：随着当地小农场主逐步消失，农用工业企业依靠获得的补助收购了他们的土地？

菲利普·德布罗斯：正是如此。这个体系不但毁了土壤，而且正如我们所见，造成了大量农村人口外流，扩大了贫民窟的贫困人口。发达国家、欧洲和美国在生产至上主义驱动下生产的农产品中，有很大一部分出口到发展中国家去，并且低价出售，又进一步破坏了因袭农业脆弱的结构。

卡丽娜·卢·马蒂尼翁：但是，有些国家挺了过来，而且证明可以发展区域农业？

菲利普·德布罗斯：中国长久以来都是一个好榜样。15亿人依靠1.13亿平方公里的农业用地，以及像锄头和家畜犁地这样古老的耕种方式，实现了自给自足。在中国，每公顷土地养活了大约13个人，而在法国，3000万公顷农业可用地（即给定区域内可开垦的土地）只养活了大约6000万人，每公顷平均不到两个人。两国的农业模式确实没有可比性：一种是建立在满足基本需求（食物）的基础上，而另一种是建立在浪费的基础上！

弗朗索瓦·普拉萨尔：不过，有必要强调的一点是，中国的平衡如今也被农业工业化打破了，一年内就有1000万农民被迫放弃土地！如果接下来的几十年里，余下的3.27亿农民也都迁往城市，又会是怎样一种景象呢？

2

地球
敌人

人与自然的战争

被牺牲掉的人类与自然

卡丽娜·卢·马蒂尼翁：当进步变成对农业产量的追求，最主要的后果是什么呢？

菲利普·德布罗斯：过度使用人工肥料，会破坏土壤的自然循环。这些肥料耗尽了有机质，加速了土壤表层腐殖质的消失，并且改变了土壤的结构，使土壤很难保持住水分。渗入的水冲刷了土壤，带走了土壤中的营养。再过一段时间，失去营养的植物开始枯萎，或者长势大不如前。我来举个例子：受到化肥滋养的小麦根部，其长度只有几十厘米，而野生小麦的根部则可长达 8 米！

卡丽娜·卢·马蒂尼翁：小麦的根部为什么会扎得那么深呢？

菲利普·德布罗斯：根部通过根须吸收营养和储藏在地

下深处的水，然后一直输送至植物顶端，同时将营养物质留在茎叶中，这些营养物质随后会转化为糖。通过这种方式获得营养的植物需要大约 60 种摄取自土壤的矿物质。采用健康方式种植的植物因之含有更多的矿物质，对人体的好处自然也更多。

卡丽娜·卢·马蒂尼翁：人工肥料的成分是什么？它们是从哪来的？

菲利普·德布罗斯：19 世纪中期，一种由氮、磷、钾构成的神奇配方——也就是所谓的“NPK [①] 三部曲”——能够人工刺激植物生长，被视为贫瘠土地的救星。1840 年，德国农业化学家尤斯图斯·冯·李比希（Justus von Liebig）成功通过化学合成制出了一种氮肥。不久后，通过在工厂将战时使用的硝酸盐类炸药进行回收利用，又生产出了几种化肥。1905 年，德国化学家弗里茨·哈伯（Fritz Haber）找到了一种价格可以让人接受的工业制氮工艺。此后，这一产业的发展可谓突飞猛进。20 世纪 50 年代全球化肥使用量仅为 1400 万吨，而 21 世纪初已经达到 1.34 亿吨。

卡丽娜·卢·马蒂尼翁：但是，不可否认的是，化肥确实大幅度促进了植物的生长。

---

① NPK 分别是氮、磷、钾的化学符号。——译者注

菲利普·德布罗斯：这只是一个假象而已。在施了人工肥的农田里，植物没有别的选择，只能通过吸收水分来稀释它们并不需要的人工肥中的盐分。然而，我们都知道，盐分能够将水分保持在植物的组织中，所以植物才会长势如此喜人。其次，过多的可溶解钾会改变土壤中的镁的含量，从而改变植物中的镁的含量。无论对食用这些植物的动物还是人类来说，这都不是什么好事。再次，多名学者证明，过量的矿物肥，尤其是过量的氮会与碳水化合物反应，引起植物的蛋白质代谢紊乱，使植物更易遭受虫害。

让-保罗·德莱亚热：对于大部分植物来说，合成1千克干物质需要300至1000千克水。例如小麦就需要400至500千克水才能生产1千克干物质（种子和根茎）。

卡丽娜·卢·马蒂尼翁：因此，大量使用可溶解肥会加速植物和土壤的生态失衡？

菲利普·德布罗斯：完全正确，而且尤其会导致可耕地因矿化而消失。在走向荒漠化的道路上，人工肥料和连作习俗的共同作用导致了土壤的枯竭。我们其实更应该耕种不同的植物，使土地得以休养，让植物的根部能够深入地下，促进土壤表层与深层之间的交换。

家门口的沙漠

卡丽娜·卢·马蒂尼翁：既然连作不好，又为什么会让它流传至今呢？

莉莉安·勒戈夫：根据共同农业政策发放的补贴，决定了这种传统的农耕方式。如果种的是牧草，每公顷补贴 45 欧元，而种植玉米则补贴 300 至 365 欧元，这就解释了为什么如今法国的乡村遍布玉米地。在所有补贴中，玉米的补贴是争议最大的，不但补贴成本高得吓人，并且年复一年地在同一片土地上种植玉米会损害环境，因为玉米是一种需要耗费大量水资源的亚热带植物。有了补贴，人们再也没有必要进行轮作，而连作则会加速对土壤的侵蚀，使土壤在冬季暴露在空气中。

卡丽娜·卢·马蒂尼翁：土壤受到侵蚀后，再过一段时间，人们就不得不使用更多的肥料来维持收成。这是一种恶性循环吧？

菲利普·德布罗斯：是的。连作再加上施播化肥，土地就会受到极大伤害，导致雨水淹没并充盈着土地表层，最后带走肥沃的土壤。等太阳一出来，干旱就开始肆虐了，灌溉也会加速对土壤的冲刷。

卡丽娜·卢·马蒂尼翁：您有这方面的例子吗？

菲利普·德布罗斯：在中国，由于全球气候变暖，农民汲取的水越来越多，可产量却越来越低。集约农业的灌溉方式实际上就是在淹没土壤。通过水渠引来的水来自于含有大量矿物盐的含水层，这种水蒸发掉以后会把盐分留下，1 万吨水会在每公顷土地的表层和中层留下 3 吨盐，盐化后的土地就变得十分贫瘠了。

卡丽娜·卢·马蒂尼翁：法国也受到土壤侵蚀的影响吗？

菲利普·德布罗斯：人们曾经以为这种令人痛心的现象只会发生在热带地区或者地中海周边，但令人意想不到的是，如今法国北部广阔而肥沃的平原地区也未能幸免。在法国境内，将近 1000 万公顷的土地受到侵蚀，而 40 年前只有 400 万。同样，土壤中有机质的流失量在整个 20 世纪 70 年代只有 10 吨，如今已经达到了每年每公顷 20 吨（西班牙为 34 吨）。

卡丽娜·卢·马蒂尼翁：土壤侵蚀现象实际上已经波及全球通过工业化方式，以及连作和化肥等手段密集开垦的土地？

菲利普·德布罗斯：是的。另外，侵蚀速度的快慢取决于土壤载体的不稳定程度。一般来说，沙漠每年侵蚀 600 万公顷肥沃土地，并以每 4 秒钟 1 公顷的速度继续前进，相当于每年吞掉一个比利时!

纽约州康奈尔大学全球生态与农业专家大卫·皮芒泰尔（David Pimentel）称，美国每年损失17亿吨腐殖土，苏联则损失25亿吨（苏联80%的土地受到侵蚀）。在热带和赤道地区，连作和化肥的使用在10年内导致了土壤的永久性枯竭。在非洲，65%以上的土地已经受到侵蚀，而且工业化农业广泛采用的另外两种有害做法也加快了土壤的贫瘠化。

卡丽娜·卢·马蒂尼翁：哪两种做法？

菲利普·德布罗斯：由于完全不了解土壤和孕育其上的生命，盲目使用大型机械以及进行土地归并。使用大型机械对土壤进行深耕时，原本生活在土壤表层且需要氧气的菌落（即需氧微生物）被深埋地下，破坏了菌落的平衡。而土地归并旨在将小块土地集中在一起，方便使用机械：篱墙和斜坡都被系统地铲平，以获得更大面积的土地，当然也可能是因为拖拉机的体积日益庞大。然而，这样做显然没有考虑到土壤侵蚀的风险。

毁灭的连锁效应

卡丽娜·卢·马蒂尼翁：土地归并可以追溯到什么时期？

弗朗索瓦·盖罗勒：这种做法在20世纪40年代诞生于法国。30年间，全法境内铲除了共计80万公里长的篱墙，每年仍有 25 万公顷土地被归并到一起。但是，在比利时，政府反而在为重新栽种篱墙提供补贴。法国也可以这样做，但鼓励的力度十分有限。而这种现象也突显了体系内缺乏协调统一的问题：一方面在毁篱，另一方面又贴钱鼓励建篱。

卡丽娜·卢·马蒂尼翁：篱墙为什么如此重要呢？

弗朗索瓦·盖罗勒：篱墙曾经用于围住牧场，防止牲畜乱跑。其他动物也可以在篱墙附近躲避恶劣天气。如今，篱墙仍然在很多方面起到关键性作用，可惜的是，人们通常意识不到这些作用。首先，篱墙中生长着整个植物群，还有一个庞大的动物群。很多鸟类在树篱上筑巢，或者将树篱作为栖木和避难所，例如红喉雀、黄鹀、乌鸫、灰雀等，它们生存在农田附近时都十分依赖树篱。同样，野兔也喜欢藏在篱墙中，狍子也会在里面歇脚；而鼬、貂及其他猎食性动物也将篱墙视为遮风挡雨的好去处。篱墙中树木结出的花朵也会吸引无数昆虫，其中一部分还会为野生或人工种植的植物进行传粉。此外，篱墙也是保护庄稼的防风屏障。

卡丽娜·卢·马蒂尼翁：这些动植物想必也发挥了一定的作用吧？

弗朗索瓦·盖罗勒：是的。尽管很多物种的作用我们尚不清楚，但所有物种都有其存在的意义。羽毛类猎食性动物，如鵟[1]，以及皮毛类动物，如狐狸，主要以侵害牧场和农田的啮齿类动物为食；鸟类则以被植物吸引来的昆虫为食，从而限制昆虫对庄稼的破坏。然而，一旦毁掉篱墙，为了赶走猎食性动物，就要使用将它们置于死地的杀虫剂，最终给整个动植物群带来灾难性后果。

卡丽娜·卢·马蒂尼翁：您可以举个例子吗？

弗朗索瓦·盖罗勒：近 20 年来，为了应对田鼠的过度繁殖，曾开展大规模的化学打击活动，同时也直接或间接毒害了很多其他物种，如猛禽、野猪以及部分牲畜。打击活动波及范围的扩大速度令人担忧。国家农业研究院（INRA）的一项研究表明，仅在弗朗什 - 孔泰地区，1980—1981 年，共有 7000 公顷土地进行了化学处理，而到了 1995—1998 年间竟跃升至 75000 公顷！

罗兰·阿尔比尼亚克：1984 年，初期生态跟踪报告揭示了化学处理手段对其他动物物种的负面影响。当时就已经提出了环境整治的替代办法，尤其是通过重建篱墙来减少化学处理方式的使用，该手段仅用于田鼠过度繁殖时期。

卡丽娜·卢·马蒂尼翁：那么该如何解决田鼠的问题呢？

---

① 鵟，鹰科动物，俗称土豹，主食鼠类，为农田益鸟。——译者注

弗朗索瓦·盖罗勒：一切用化学手段解决，这其实是一种错误，也是一种空想。我们应该在考虑生命和物种数量发展周期的基础上重新采取生物打击手段。国家农业研究院研究员皮埃尔·德拉特（Pierre Delâtre）认为，在草场上开阔和分布均匀的空间，田鼠过度繁殖的可能性最大；而在生长着高矮树木的空间，可能性则会降低。恢复旧日的布局，保持耕地、林地、篱墙和草地之间的平衡状态，能够起到鼓励不同物种之间的竞争，以及保障猎食性动物（如鵟、猫头鹰、狐狸、貂、鼬等）的猎食通道和栖所的作用，自然也就调节了田鼠的数量。如今，每年仍有数千只狐狸被捕杀，这简直是天大的错误，因为一只狐狸每年可以捕食 6000 到 10000 只啮齿类动物！生态布局多样性、保护篱墙以及重视猎食性动物，都是替代毒药使用的好办法。

卡丽娜·卢·马蒂尼翁：这些解决办法又简单又合理，为什么偏偏不用呢？

弗朗索瓦·盖罗勒：因为农业公会、省级政府和各个工会组织并不鼓励农民这样做，这些替代办法无益于毒药产业，而且农业生产者认为达到生态系统平衡的过程对他们来说会碍手碍脚。总之，只要不下令全面禁止使用化学物质，放毒的活动就会继续下去，而且无法从根本上解决问题。

草场上幸福不再

卡丽娜·卢·马蒂尼翁：农业一直在改变着环境布局，可如今的农业发展方式却在不断地摧毁土地，破坏着一个又一个生态系统。

弗朗索瓦·盖罗勒：按这种方式走下去，部分生于斯长于斯的物种存活下去的希望就很渺茫了。造成这种局面的原因不但包括拆除篱墙，而且还牵涉及其他农作方式的采用。例如，草料和庄稼的收割越来越提前，这就导致很多受保护的珍稀鸟类（如长脚秧鸡、乌灰鹞等）的蛋和雏鸟遭到毁灭。耕种开始得越来越早，前一轮收割刚结束，土地就被铲平，很多动物因此失去了隐藏在麦茬中的大量食物。在全法境内，农业和养殖业的发展对 110 种生存状态不稳定的鸟类造成冲击。另有一些鸟类刚被认定为一般鸟类，数量就又开始直线下降。正因为如此，赤胸朱顶雀和灰山鹑的数量在 1989—2001 年间下降了 49%。草原地区也在不断加速变成耕地。据统计，1982—1997 年间，法国有近 250 万公顷草原彻底消失，造成很多植物、哺乳动物、鸟类和昆虫的数量减少。

卡丽娜·卢·马蒂尼翁：人们似乎刻意忘记的一点是，对某个种群进行的任何改变都会造成生态链失衡。

弗朗索瓦·盖罗勒：现在我们已经知道，由于物种消失造成的生态失衡会导致非常严重的后果，尤其对于某些人类活动来说。每个生态系统中都生存着形形色色的物种（生物多样性），它们会为人类社会提供所谓的“生态服务”。这些服务都是无偿的，例如某些昆虫会为野生和人工种植的植物进行传粉。近期的一项研究表明，这种“传粉服务”每年的全球总价值可达到4800亿！如果这些昆虫的工作都不得不由我们自己完成的话，情况难以想象。

卡丽娜·卢·马蒂尼翁：草原以及广义上的非耕地有着怎样的重要意义呢?

弗朗索瓦·盖罗勒：我们刚才已经提到，在这些地方生存着形形色色的动植物。除此之外，要知道跟森林一样，草原的储水能力比耕地要高出2~4倍。这样一来，我们就不难想象，对这些地区的破坏也会殃及人类自身，哪怕只是水灾也够人受的。一方面，人类不停地将草原变成耕地，不断地排除积水，消灭“天然海绵”——湿地；另一方面，人类不但铲平坡地，还将拦水的沟壑一一填平。在部分地区，由于拔除了篱墙，水灾发生率上升了50%。

卡丽娜·卢·马蒂尼翁：湿地的必要性体现在哪些方面?

弗朗索瓦·盖罗勒：湿地会将雨水留下，储存在土壤中，或汇集到湖、水塘、河流、小溪和沼泽里，从而减少洪水的发生。美国的一项研究表明，一片 0.4 公顷的湿地可储存 6000 立方米以上的河流涨水。顺便提一句，自从莱茵河失去了 90% 的天然河漫滩之后，其流量较之前增大了两倍。

卡丽娜·卢·马蒂尼翁：所以，任何以引水为目的对环境布局进行的改变都是有害的？

弗朗索瓦·盖罗勒：完全正确。如今，很多国家开始修复湿地，例如中国。除了解决洪水问题以外，这些国家也看到了修复湿地对种植业的好处。湿地可以减缓水的流动，更有利于营养物质的沉积，而这些营养物质的含量比工业化农业体系可大多了。湿地还能去除化学品和高浓度的氮和磷，起到净化污水的作用。佛罗里达州的沼泽地就去除了污水中约 98% 的氮和 97% 的磷。在印度加尔各答这座拥有 1000 万人口的城市，沼泽在污水处理方面扮演着重要角色。处理后的水用于滋养植物、蔬菜和鱼类，城市本身也得到了净化。

弗朗索瓦·普拉萨尔：我们这种追求效率和既得利益、总想生产出点什么的种植方式，似乎忽略了事物本身之间的联系。

神鬼与酸雨

卡丽娜·卢·马蒂尼翁：在这些地方，也像在篱墙里面一样存在着大量的生命吧？

弗朗索瓦·盖罗勒：湿地中的动植物多样性非常壮观。你想想：地球上所有物种的40%，包括所有动物物种的12%，都可以在湿地中找到。据统计，超过两万种药用植物来自于这些地方。另外，不要忘了，水稻可是地球上30亿人的主食！

卡丽娜·卢·马蒂尼翁：法国这种排干湿地的执念，从根本上来说是不是有着文化方面的原因？毕竟，湿地曾经一直被视为不祥之地。

多米尼克·布尔格：确实如此，不过在某些国家和地区，如澳大利亚和西藏，人们更接受的是一种相反的看法。在这些国家和地区，根据佛教出现之前的某些信仰，湿地是神圣的，因为里面生活着神明和善良的精灵。而在法国，18世纪末，卫生主义的盛行则导致了对湿地的加速破坏，反映出当时“凡对生产无用之物均应系统摧毁”的心态。

卡丽娜·卢·马蒂尼翁：如何阻止这一破坏过程呢？

弗朗索瓦·盖罗勒：可行的办法有很多。例如，出台专门针对湿地的法令，承认湿地的价值并对其进行保护；对湿地状况和相应的需求进行评估；修改有利于破坏湿地的法律条文；停发排干湿地的补贴，确保地方、国家和国际相关政策保持协调一致；在政府和相关机构的引导下落实对这些地区的特殊管理；对旨在破坏这些地区的项目成本和影响进行细致评估。当然，还需要提高大众的认识，开展相关教育。

卡丽娜·卢·马蒂尼翁：除了破坏的因素以外，还存在与传统农耕方式有直接关系的污染现象？

弗朗索瓦·盖罗勒：完全正确。一部分播撒在农田中的含氮土壤改良剂（人工化肥）蒸发后进入大气层，最后在几百公里甚至几千公里之外凝结成酸雨。最近四十几年来，酸雨使湖水变酸，毁掉了湖中的生命（这种情况尤其发生在加拿大和欧洲北部国家），也污染了北极和气候温和地带森林中的土壤与河流。

卡丽娜·卢·马蒂尼翁：酸雨是如何使土壤贫瘠化的呢？

弗朗索瓦·盖罗勒：酸雨使土壤酸化，从而除去了诸如钙和镁等营养物质。没有了这些重要物质，森林就变得十分脆弱，抵抗疾病和寄生虫感染的能力下降，最终死亡。病害通常出现在针叶树当中，蒸腾作用增强，光合作用减弱，导致针叶变黄。食用了遭受病害的植物后，动物的新陈代谢也会出现紊乱。为了避免森林衰退和溪流酸化，法国孚日省（Vosges）最近尝试通过直升机播撒钙镁肥料来修复土壤。目前还看不出结果，不过欧洲其他地区也在数万公顷土地上做过类似尝试，成效还是比较喜人的。

土壤受损 气候紊乱

卡丽娜·卢·马蒂尼翁：酸雨仅仅是使用化肥的结果吗？

弗朗索瓦·盖罗勒：并不是。使用煤炭的热电站、镍铜铸造等产业、地面和航空运输，以及一切使用矿物燃料的活动，都是造成酸雨的污染因素。酸雨的成分包括硫酸和硝酸，由空气中的氮氧化物和二氧化硫与水分子进行结合后形成。因此，氮排放也对酸沉降的形成负有重要责任。此外，氮排放还有其他一些恶劣影响：由于农业活动还会产生甲烷，氮也加剧了温室效应和全球变暖，1992 年在里约召开的地球峰会上公布了这一问题。

弗朗索瓦·普拉萨尔：由人类排放的二氧化碳、甲烷和氮氧化物是造成气候变化的主要温室气体，在这方面，工业化农业的责任尤其严重。排放到大气中的 25% 的二氧化碳、60% 的甲烷和 80% 的氮氧化物，都是出自工业化农业之手。

卡丽娜·卢·马蒂尼翁：什么是温室气体？

弗朗索瓦·盖罗勒：温室气体是指能够吸收地球表面反射的红外线的气体。红外线能量被收集并保存起来后，会造成气温升高，并通过降水、干旱和飓风改变气候。据国家农业研究院评估，在法国，农业的温室气体排放量占总量的 18%。

卡丽娜·卢·马蒂尼翁：这是怎样一种机制呢？

弗朗索瓦·盖罗勒：例如，对湿地的开垦会导致土壤中储存的碳被排放到空气中去；此外，人工化肥也会改变土壤的生物量；牲畜的粪便以及牛粪都会制造出甲烷——一头母牛体内的草料发酵后排出，一年能够制造出约一百公斤甲烷。

被操纵的生物

动物：生产机器

卡丽娜·卢·马蒂尼翁：飞速运转的机器碾压着人类，不过动物世界也未能逃脱工业化的摧残吧。

菲利普·德布罗斯：自从我们陷入利润至上的逻辑之中后，生物的工具化也殃及到了动物。随着动物数量越来越大，投入到养殖业中的各种补贴也越来越多：屠宰补贴、公牛补贴、产奶类动物养护补贴等。什么时候能推出一个高质量养殖补贴呢？

卡丽娜·卢·马蒂尼翁：集约养殖是什么时候出现的呢？

菲利普·德布罗斯：集约养殖是在第二次世界大战后在法国出现的，不过社会学家兼农学家埃丝特勒·德莱亚热（Estelle Deléage）曾在其著作《农民：从一亩三分地到全世界》（*Paysans, de la parcelle à la planète*）中强调，农产食品加工链的产业化可以追溯到19世纪，当时“资本主义催生了泰罗制[1]，随之出现的是屠宰产业链和芝加哥最初的牛肉和猪肉切割系列产业链”。这就意味着上游产业开始肥育牲畜。这种养殖方式也称为“集中饲养”，总体原则是在最短的时间内和最小的空间里以最低的成本生产出最多的畜禽。

卡丽娜·卢·马蒂尼翁：畜牧学家约瑟琳·珀舍（Jocelyne Porcher）称，19世纪末，法国的畜牧学家就已经在呼吁养殖业的工业化了。那时，动物似乎成了一种生产机器。

多米尼克·布尔格：首先，笛卡尔就曾提出过一种机械论自然观，不过这种观点直到19世纪才大规模显现出来，20世纪50年代开始在农业中得到充分体现。那时，围绕自然的宗教和哲学观点完全没了市场，取而代之的是对自然的定期扫荡，对自然复杂性的全盘否定，以及拒绝承认人类也是自然体系的一部分。动物也未能幸免于难！

卡丽娜·卢·马蒂尼翁：养殖业的产业规模是在20世纪50至70年代著名的“黄金三十年”里开始发展起来的吗？

---

① 泰罗制是由美国管理学家弗雷德里克•温斯洛•泰罗（Frederick Winslow Taylor）在20世纪初提出的一套科学管理方法，其根本目的在于提高劳动生产率，实现利益最大化。

菲利普·德布罗斯：完全正确。在农学研究和各种补贴的驱使下，人们着重开发专门的动物品种，损害了那些被他们认为无利可图的传统和本地品种。银行、农产食品加工企业和各省的农业产业结构委员会（这些委员会的工作内容之一就是为产业化养殖方面的建立和扩建计划提供意见）都在鼓励现代化，并且为工业化农业、土地归并以及超大型无土养殖提供便利。举个例子，20 世纪 60 年代起启动了给牛的养殖提供补贴，但仅仅过了 10 年，卫生和债务问题就显现出来了。

卡丽娜·卢·马蒂尼翁：这些动物出生和死去的地方其实就是肉类加工厂，这其实属于一种虐待啊。

菲利普·德布罗斯：对效率的追求达到顶峰的表现就是蛋鸡生产车间的出现——容量达 50 万至 75 万枚鸡蛋的孵化器每天把上万只雏鸡吐到传送带上，随后进行自动分拣。约 50 台这样的超大型孵化机控制着法国 80% 的蛋鸡生产。公雏鸡被直接送进锅炉活活烤死，就此成为为整套设备提供热能的燃料。其他生产线中的公雏鸡则会用二氧化碳杀死或活着扔进畜禽碾磨机。

卡丽娜·卢·马蒂尼翁：逃过这一劫的雏鸡又怎么样了呢？

菲利普·德布罗斯：他们中的母雏鸡一生都与世隔绝。它们被关在 45cm × 50cm 的笼子里，也就是说，它们连展开翅膀的空间都没有。它们的昼夜交替都是人工调节出来的，这样它们就能生产更多的鸡蛋，即平均每年 260~280 枚，而放养鸡的产蛋量为平均每年 225 枚。这些母雏鸡最后会处于极度虚弱的状态，只能被屠宰后用作意大利饺子的馅料或用于制作各种肉汤。

母猪的微笑

卡丽娜·卢·马蒂尼翁：笼养鸡的生存状况如何？

菲利普·德布罗斯：笼养规模通常为 2~15 万只鸡，每只鸡仅占地 25 平方厘米，相当于一张 A4 纸大小！这些鸡一生都被关在巨大的鸡棚里，一辈子见不到阳光——因为它们生活在每天持续 15~23 小时的人工光照下，而且也呼吸不到外面的空气。它们的食物中含有大量能迅速增肥的物质——这些鸡的体重在 42 天内可增长到将近两公斤。最终活下来的雏鸡被运往屠宰场，它们浑身伤痕，骨骼变形，而且患有心脏病和其他疾病。二战前雏鸡需要 6 个月才能达到的体重，现在 6 周就能达到！

卡丽娜·卢·马蒂尼翁：对生产力的追求是不是殃及到了所有物种？

菲利普·德布罗斯：是的。在欧洲、亚洲和美国食品集团的操纵下，全世界每年可产出 200 亿只雏鸡和 10 亿头猪。法国也有3.5亿头牲畜牵涉其中。就拿牛犊来说，10头里有9头来自于工业化养殖。牛犊出生后被强行与母亲分开，关在黑暗的环境中，不得动弹，既没有草料也没有其他食物，只能喝农业合作社推荐的奶，目的是使牛在经历了6个月的折磨后，可生长出鲜嫩的雪花肉。奶牛则被迫在6年里不停地产奶，年产奶量要达到6000~12000升，比50年前高出10倍。6年后，它们就要被送去屠宰了。养殖鱼也生活在类似的拥挤环境中，而且也患上了相同的疾病。兔子也是，出生后刚刚长到3个月就要被送去屠宰，每年数量高达4000万只。

卡丽娜·卢·马蒂尼翁：我最近读了一位在肉类领域工作的农业工程师的作品，他写到，“那些被拴住的母猪，有些怀着孕，有些在哺乳期。它们丝毫没有表现出不适，反而看上去很幸福。我甚至想不无讽刺地将它们拟人化：它们在微笑。”

菲利普·德布罗斯：我们总是要求养殖者提高产量。20世纪60年代，每公顷土地上只养40头猪，如今已经达到了5000头。99%的猪都属于集约养殖，主要集中在法国西部、布列塔尼地区和卢瓦尔河地区。这些猪紧紧地挤在一起，四周弥漫着它们粪便散发出的氨气臭味。它们的使命就是在6个月内长到110公斤。母猪在怀孕和哺乳期间被固定在地上或者促狭的猪栏里，随后再进行新一轮受孕。这些猪就像其他牲畜一样表现出行为障碍，如走路偏斜、神经性抽搐、摇头、舔舐造成的伤口等，并伴有精神紧张造成的新陈代谢紊乱。这些母猪的生存状况可不像那位完全不了解动物行为的农艺师说得那么好！不过，欧洲农业部长委员会于2001年已决定禁止对孕猪使用固定栏，于2006年禁止新建此类设施，并于2012年在欧盟范围内全面禁止在养殖业中使用这种固定栏。

卡丽娜·卢·马蒂尼翁：农学方面的培训中难道没有提到过，养殖动物也是有感觉的生物吗？

罗兰·阿尔比尼亚克：在法国，尤其在农业生产者、技术员、农艺师、工程师和兽医的培训中，着重强调的是生产至上主义。几代人接受的教育都是：动物纯粹是严格意义上的工具，就像一台又一台“生产机器”。如今，我们已经知道，改善养殖者和牲畜之间的关系会对产量和质量产生影响；被置于“舒适”环境中的母牛相比待遇稍差的牛群，产奶量会持续高出10%~30%。

牲畜不被承认的痛苦

卡丽娜·卢·马蒂尼翁：国家农业研究院的研究员近几年来一直在研究如何改善牲畜的生存生活环境，但似乎并没看到什么改变。

菲利普·德布罗斯：工业体系中牲畜的福祉是近20年来

反复出现的一个问题，但比起考虑牲畜的痛苦，国家农业研究院更重视挑选产量更高的牲畜品种。我们总能看到不明人士对动物的残杀，这种行为是出于一种无知。动物也能感知，也具有某种自我意识。好几个世纪后，多亏有了动物行为学和认知科学，我们才意识到这一事实，而那些卑鄙之人还在继续无视这一事实。无论如何，我们与生产类动物[①]的关系跟我们与家养或野生动物的关系是不一样的。毕竟，没人愿意承认自己吃的动物有智力或者有意识！

卡丽娜·卢·马蒂尼翁：所以应该由消费者对自己的健康、环境以及食用的动物的福祉负起责任来？

菲利普·德布罗斯：哲学家弗洛朗斯·比尔加（Florence Burgat）和兽医兼国家农业研究院研究员罗贝尔·当策尔（Robert Dantzer）（确切地说是动物福祉与情绪方面的专家）在他们的《养殖动物有资格获得福祉吗？》（*Les animaux d'élevage ont-ils droit au bien-être ?*）一书中强调，“动物养殖方式不再只关乎消费者的健康或美食，还牵扯到公民意识的问题”。我完全赞同这一观点。

卡丽娜·卢·马蒂尼翁：基督教是不是也在动物“物化”的问题上难辞其咎？

---

① 生产类动物专指能够产生经济效益的动物。——译者注

多米尼克·布尔格：这个概念来自一位美国生态学家，他在1967年进行了一项分析研究。我认为很有必要在这里摘录一段《圣经》里的原话："你们要生养众多，遍满地面，治理这地。也要管理海里的鱼，空中的鸟，和地上各样行动的活物。"根据一份教皇委员会的文件记载，圣经中动词"治理"和"管理"所对应的希伯来语表示了两种不同的意思。"治理"用来描述明君的统治，他对自己的子民负责，尽最大努力满足他们的一切需求；"管理"反映的则是一种引导的状态，一位全人类的神甫可以理解为象征着一种专断的力量。这段话表现的是一位负责而关切的向导，保护着交托给他的一切。因此，不应该把对基督教的责难看得那么简单。

卡丽娜·卢·马蒂尼翁：养殖业发展了1万年，如今，工业化不但改变了养殖者和动物之间的关系——他们曾经是相互陪伴的关系，而且按照约瑟琳·珀舍的说法，还使人类与动物在苦海中相遇。

菲利普·德布罗斯：养殖者不得不采取这种令人咋舌的牲畜利用方式，而他们中大部分人其实都处于困境当中。我举一个笼养鸡专业户的例子来说明这种现状。通过举债来建造鸡舍的这位养殖者其实什么主也做不了，他完全依赖于掌握鸡舍80%所有权的企业主，而企业主通常情况下也是他的债务担保人。企业主为他提供雏鸡和饲料，然后在合适的时间过来拉走长大的鸡，卖掉后赚得的利润相比养殖者勉强超过法定最低工资的薪水来说要大得多。

卡丽娜·卢·马蒂尼翁：为了摆脱这种困境，为了增加收入，养殖者就不得不扩大经营，加快生产节奏，从而背上更大的债务？

菲利普·德布罗斯：完全正确。鸡、猪、牛等的养殖都是如此。这种反常的境况会促使我们不断提高产量，最终生产出来的畜禽数量远超市场的消化能力，造成人间悲剧和各种卫生灾难。

卫生危机

卡丽娜·卢·马蒂尼翁：牲畜的集中会引发传染病吗？

莉莉安·勒戈夫：杂乱拥挤、异常的养殖环境，以及抗生素的系统使用，都会增加传染的风险。世界卫生组织（OMS）就曾在1996年一份关于世界健康状况的年度报告中揭示了两种由此引发的现象。首先，细菌对常用抗生素的耐受力越来越强。1997年年底，70名人类健康和动物健康专家齐聚柏林。经他们证明，在养殖动物身上使用用于治疗人类传染病的抗菌剂会导致出现有耐药性的病原，包括沙门氏菌、弯曲菌、肠球菌和大肠杆菌，这些细菌都能够通过食物链转移到人类身上。

卡丽娜·卢·马蒂尼翁：另外一种现象是什么？

莉莉安·勒戈夫：另外一种就是同时出现在人类和动物身上的新传染病。环境破坏——尤其是滥用抗生素的行为——导致的基因突变催生了新的快速繁殖病菌、细菌和病毒，从而引发了新传染病。此外，反复食入含有抗生素的产品的人，哪怕只是摄入量极其微小，也可能会产生对某些类抗生素的过敏反应，从而减少了他未来能够用于接受医学治疗的抗生素的数量。

卡丽娜·卢·马蒂尼翁：抗生素在养殖业中是如何使用的呢？

莉莉安·勒戈夫：现在有专供兽用的抗生素，作为治疗和预防手段给畜禽服用，同时也可成为食品添加剂和快速生长剂。服用后的畜禽可以更快地达到销售的体重标准，这样就可以少喂食了。很多养殖者承认他们的赚头靠的就是这些抗生素添加剂。1997年，欧盟范围内共使用了1万吨抗生素，其中52%用于医药、48%用于农业，而这48%中有15%作为添加剂使用！

卡丽娜·卢·马蒂尼翁：病菌突变的风险涉及的主要是集约养殖吗？

莉莉安·勒戈夫：科学证实养殖条件是病毒突变的罪魁

祸首，养猪业尤为如此。然而，人们非但没有主动应对这种突变，反而任其发展，并针对新出现的猪鸡疾病着手研发新的疫苗。法国布列塔尼地区（Bretagne）和其他养殖密度很高的地区都成了实验室，那里集合了能促使一种流感病毒发生突变的所有条件，而这种病毒无论在动物（即禽流感）还是人身上都可以异常快速地繁殖。1998 年 9 月，在法国比阿里茨（Biarritz）召开了两次关于流感及其预防工作的欧洲会议，会让病毒学家都得出了这一结论。

来势凶猛的病毒和能吃人的牛

卡丽娜·卢·马蒂尼翁：流感病毒是如何发生这种突变的呢？

莉莉安·勒戈夫：猪是禽流感病毒和人流感病毒的宿主，这两种病毒在猪的体内进行杂交并快速繁殖，随后传染给人。要知道，布列塔尼地区共有 1200 万头猪、5 亿只鸡和 1000 万只鸭子！法国食品卫生安全署（AFSSA）非常重视这种病毒突变的风险。

卡丽娜·卢·马蒂尼翁：疑似病例出现后会发生什么？

莉莉安·勒戈夫：一旦发现鸡身上出现流感病毒突变，即便是健康的病毒携带体，整个鸡群也要被彻底处理掉。亚洲和荷兰的卫生管控机构警惕性要低一些，这么说是因为，他们都没能避免禽流感的发生，之后不得不紧急销毁数百万只畜禽。最近一次因密集养殖而遭此横祸的国家是加拿大：卑诗省（État de la Colombie-Britannique）南部地区被迫宰杀1900万只鸡、火鸡、鸭、鹅和鸽子，以阻止禽流感病毒在全国范围内蔓延。

卡丽娜·卢·马蒂尼翁：除了这些来势凶猛的病毒和其他类型的禽流感爆发，还有例如疯牛病、二噁英鸡污染、激素牛。这些灾难都与动物的不合理养殖有直接关系吗？

莉莉安·勒戈夫：对呀，明显是这样！就拿疯牛病来说，这种病的学名为牛脑海绵状病，可传染给人（即克雅氏病的新变种），1996年在英国有三名受害者被正式确诊罹患此病。牛脑海绵状病是由一种未知的传染源导致的，这种传染源后被命名为朊病毒。它其实是一种由哺乳动物（包括人类）正常制造出的蛋白质，我们几乎完全不知道它的作用，只知道它参与神经冲动的传导。这种蛋白质附着于多种细胞表面，包括中枢神经系统的神经元。一旦快速繁殖起来，它仅仅通过改变形状就能毁掉整个大脑。我们对诱发朊病毒大量繁殖的机理一无所知，不过我们已经在肉粉中发现了这种病原。

卡丽娜·卢·马蒂尼翁：使用这种肉粉其实是在反自然地将食草动物变成食肉动物？

莉莉安·勒戈夫：是的，目的还是为了获得利润，因为可以将原本没有价值的屠宰场废料和动物残骸进行销售和再利用。英国于 1988 年禁止使用肉粉，于 1989 年禁止在婴儿食品中使用畜禽的内脏，却毫不含糊地将肉粉和内脏销往国外，直至 1991 年。出口的对象以法国为首，从 1985 年到 1995 年，法国从英国进口牛肉的总量翻了一番（从 6.7 万吨升至 13.1 万吨）。

卡丽娜·卢·马蒂尼翁：有人食用病牛肉后感染病毒的案例吗？

莉莉安·勒戈夫：朊病毒导致的卫生危机在 1985—2000 年间最为严重。英国的疯牛病病例和克雅氏病新型变异的数量分别达到 18 万例和 84 例，法国为 180 例和 3 例。从那以后，可以说状况保持稳定，但由于克雅氏病的潜伏期较长，也不好下定论。

菲利普·德布罗斯：疯牛病危机迫使欧洲各国政府于 2001 年下令宰杀近两百万头牛，成本高达 18 亿欧元。后来针对这些牛的所有者落实了一项新的养牛产业援助和补偿计划，每头牛补偿 1500 至 2286 欧元，但是，生产模式并没有发生丝毫改变。顺着同样的思路，在 2003 年 12 月发现第二例疯牛病后，加拿大政府也随即宣布向受灾的牲畜养殖者发放近 10 亿美元的补助。

卡丽娜·卢·马蒂尼翁：怎样做才能避免此类灾难呢？

莉莉安·勒戈夫：为了摆脱这种生产体系，消费者应选购在良好环境下养殖的动物的肉，并向政府施压，争取逐步禁止集约养殖、圈养/笼养制度以及将抗生素作为生长加速剂使用，并强制粘贴标签，保障消费者对于动物养殖环境的知情权。

转基因动物与生物多样性

卡丽娜·卢·马蒂尼翁：除了这种彻底走向过剩的畜禽生产方式，还出现了旨在通过遗传基因改造的办法来进一步提高产量的研究。

菲利普·德布罗斯：是这样的。从新石器时代起，养殖者就在进行遗传选择工作，以期提高羊毛质量，改善牛奶生产等；到12世纪末，遗传选择迈出了无可辩驳的一步；如今，研究者更是能够直接干涉物种的遗传程序。他们学会了通过修改遗传基因来改造生物。遗传在人类手中成为一个用于改良物种及其性能的工具。生物技术为未来农业描绘出一幅幅理想的画面，有点像20世纪30年代的生物学家追求纯种的空想。结局众人皆知！

卡丽娜·卢·马蒂尼翁：目前都进行了哪些方面的改良？

菲利普·德布罗斯：目前的研究项目通常旨在创造出能够抵抗养殖业中常见疾病、繁殖更快、吃得更少的动物。对动物胚胎的基因改造始于20世纪60年代，当时诞生了一只备受瞩目的母鸡，它在不降低产蛋量的前提下还能吃得更少。20世纪80年代末，澳大利亚通过基因研究制造出一种加速生长的猪，其实也是出于经济方面的考虑。然而，同样也诞生了没有羽毛的鸡、脂肪里没有胆固醇的牛，以及奶水里含丝线的羊；加拿大甚至研制出了体型巨大但无法繁殖的三文鱼，已经有两亿多美国人吃过这种鱼了！

卡丽娜·卢·马蒂尼翁：人们一方面忙着为自己量身定做新的物种，而另一方面，通过将亚种进行统一化，又造成数千种广适性家养动物消失。这难道不是一种矛盾吗？

菲利普·德布罗斯：确实如此。基因的减少严重威胁着世界农业，最终将威胁到所有人，因为如今的生产只集中于数量非常有限的几个亚种——产奶依靠荷斯坦母牛，产肉依靠夏罗尔牛。然而，基因的多样性对于所有物种——包括人类自己的生存，都是必需的。在欧洲，直到20世纪初还存在的一半动物亚种如今已经灭绝了，因为人类认为它们在肉、奶和羊毛的生产方面无法盈利。在全世界，每周都会有一个广适性亚种消失，可谁在乎呢？在印度，50%的山羊亚种和20%的牛亚种面临着消失的危险。全世界的猪肉产业依靠的只有 4 个亚种，有 200 个法国猪亚种随时可能消失。说不定哪一天，养殖业的未来会有赖于这些已经变得十分稀有的基因类型。也许我们已经忘记了，正是这些亚种的广适性帮它们躲过了上文中提到的各种流行病。

卡丽娜·卢·马蒂尼翁：同样，古老的植物也被更适应现代农业尖端技术的新品种代替了。

菲利普·德布罗斯：这个问题也同样严重。在印度，目前只有 10 个品种的水稻还在生长，而 150 年前，人类种植的水稻超过 3 万种！我要重申并强调的一点是，亚种的减少最终会威胁到人类自身，因为生态系统的稳定取决于系统内品种的多样性以及物种间交流的复杂性。大自然从来没有、也永远不会实行什么单作制。世界上曾经有近 1 万种小麦，如今用得着的只有三种。其中，两种为软质小麦品种，一种为硬质小麦品种。在欧洲，四种作物占了耕地总面积的 80%；在希腊，小麦品种的多样性下降了 95%；在荷兰，一个品种的土豆就占土豆总产量的 80%。

复杂的大自然

卡丽娜·卢·马蒂尼翁：没人愿意发展本地物种？

罗兰·阿尔比尼亚克：是的。按照目前的模式培养出来的农艺技术员都忙着寻求更高的产量，是不会下功夫研究如何在生态层面改善本地物种的。例如，如果对马达加斯加的农业技术进行改进，包括种植、播种、移种的方式，水稻的种植情况会有所好转，产量也可以翻三番；但是，农业部更愿意推广高产品种和配套的农药，使得农民都背上了债务。农民一旦进入这个怪圈，就再也没有退出的余地了。

卡丽娜·卢·马蒂尼翁：所以说这种广为人知的生物多样性对人类的生存来说是必不可少的？

菲利普·德布罗斯：人们总是倾向于认为野生和人工养殖的动植物物种的灭绝与我们无关，觉得我们和它们之间没有任何直接或间接的联系。这种想法是错误的。每个物种的灭绝都会自动引起一系列反应，并威胁到我们赖以生存的重要生态系统。

莉莉安·勒戈夫：我们甚至可以说人类对生物多样性的破坏是一种自杀行为。例如，在农业生产中，有很多植物被毫无道理地归类为“杂草”，因此被系统地除掉。然而，它们实际上是一种不可替代的资源。换句话说，它们对于作物的杂交配种和改良，甚至对于医药来说，是一个庞大的基因储存库。每年有约2000种野生植物物种加速消失，越来越多的人呼吁重视这一问题。

卡丽娜·卢·马蒂尼翁：也就是说，根本没有什么杂草不杂草的问题，也不存在有害物种或有益物种的分别，有的只

是这样一个复杂多样的大自然，而人类应该与其进行合作。

菲利普·德布罗斯：完全正确。那些选择无视这一明显事实的狂徒最终都付出了沉重的代价。我举一个历史上的例子：西班牙征服者踏上美洲大陆时，那里的印第安人还保持着多种野生植物的种植。他们让玉米、西葫芦（或笋瓜）和扁豆在同一个地方生长；扁豆攀附着玉米茎，而笋瓜藤则在头顶的绿荫保护下匍匐生长。扁豆可以合成空气中的氮，为自己提供肥料，同时也为玉米的生长提供了一种不可或缺的养料，玉米则为扁豆的生长提供支撑。然而，西班牙人看不到这一点，他们用追求效率和短期产量的耕种方式代替了这种天然的相互依存关系。于是，连作制度取代了印第安人复杂的种植体系，其后果今天有目共睹。

操控生命

卡丽娜·卢·马蒂尼翁：我们再来谈谈转基因产品。这种新型农业技术是如何产生的?

莉莉安·勒戈夫：尽管相关研究从20世纪70年代就已经开始了，这项技术直到90年代才进入公众视野。第一代转基因植物能够以更低廉的成本和更环保的方式来抑制环境对杀虫剂的抵触作用。从这个角度来看，转基因生物并不是一个简单孤立的事件，而是生产至上理念进化的一个变种。所以，几乎所有转基因植物都是天然抗虫植物。这些植物具有自身分泌杀虫剂的特性和或对除草剂的耐受性——也就是说，它们可以将杀虫剂或除草剂浓缩在体内，但不会因此中毒而死。还有其他一些基因改造工程可以使植物更好地抵御某些气候、土质和疾病的影响。这些转基因植物的倡导者说，它们可以减少因使用杀虫剂造成的污染，特别是对于全球范围内的饥饿问题来说，它们是绝佳的解决方案。然而，美国在 1995 年吃了一次大亏，他们推出的一系列包括长寿番茄在内的产品确实不易腐败，但也完全失去了本身的味道。目前，作为家畜饲料的玉米和大豆是主要的转基因生物，但在生产方面的结果并没有预测的那么神奇。

卡丽娜·卢·马蒂尼翁：怎么会这样呢？

莉莉安·勒戈夫：独立机构土壤协会（Soil Association）的报告显示，“抗农达”大豆（对农达除草剂有耐受性的大豆品种）的单位面积产量比传统品种低 6%，农民在这个品种上无利可图，更何况这种注册专利的转基因种子也比其他品种价格大约高出 25%~40%。

弗朗索瓦·普拉萨尔：在六年的时间里，美洲大陆 5000 多万公顷的土地上集约种植了这种黄豆，却收效甚微，然而除草剂和杀虫剂的销量却提高了 40%。我们不得不猜测，转基因产品实际上是各大化学和制药公司的一项商业策略，旨在占领巨大的优种市场。

卡丽娜·卢·马蒂尼翁：如何对这些植物进行具体改良的呢？

莉莉安·勒戈夫：其实就是肆意跨越物种之间的屏障。先是在某种生物身上发现一种有利可图的基因，于是把它提取出来，注入植物体内，赋予了植物一种新的属性。所以说人类已经完全能够将动物、昆虫或者细菌的基因植入植物，反过来也可以——这就是转基因的原理。最近就有人将一条鱼的基因植入了一个草莓品种，使草莓能够抵御霜冻。

卡丽娜·卢·马蒂尼翁：大自然花了几十亿年的时间创造了能适应周围环境的物种，人类真的能够改变大自然却不用承担任何后果吗？

莉莉安·勒戈夫：最主要也最基本的不确定性，在于科学方面的问题。在改造生物基因组的时候，我们无法保证能掌控所有的后果。原因很简单，我们对生物调节的很多机制仍然一无所知。一种基因的表现并不完全取决于基因本身，还要视它与其他基因之间的相互作用而定，这些相互作用又由于引入了一种或数种外来基因而发生变化。发明转基因产品的人研究了这些变化中的一部分，但有些变化可能并不会在第一时间出现。无论对环境还是对消费者来说，这些变化都具有完全未知的属性。

卡丽娜·卢·马蒂尼翁：人类和自然在这方面面临着哪些风险呢？

莉莉安·勒戈夫：环境方面的主要风险在于对生物多样性的破坏有所加重。当一种生物拥有或者获得一项在同类中很有竞争力的优势时，它会在环境中传播这种优势。有时，其传播的方式会很富有侵略性，这就可能引发一连串无法预知的事件。这种传染活动通过花粉来实现：风或昆虫传播花粉的同时也会带上发生改变的植物的基因。野生十字花科植物（如桂竹香、甘蓝、野芥和白芥）中已经发现了这种传染机制，它们都受到了转基因油菜的传染要知道，20% 的农作物物种都有与其同属的野生植物。这种转基因污染给耕种者，尤其是给从事生态农业的人造成的经济损失是巨大的。加拿大和美国的很多绿色农业生产者提起了诉讼，以求获得赔偿。

反抗中的生物

卡丽娜·卢·马蒂尼翁：捕食性动物会逐渐适应某些转基因产品分泌的转基因毒素，这种风险我们是不是也应该重视起来？

莉莉安·勒戈夫：是的，完全正确，尤其是有些植物自身携带并且一刻不停地分泌杀虫剂。在美国已经发现能抵抗转基因玉米分泌的 Bt 毒素的变异螟虫。与此前转基因产品倡导者的主要论据正相反，这种后天习得的抗药现象加重了杀虫剂的污染，这一点已经在美国和加拿大得到了证实。根据最初的设计，除草剂耐受的转基因植物种植时就是要配套使用这些杀虫剂的，这可就填满了农业化学公司的腰包！

卡丽娜·卢·马蒂尼翁：这对人类健康来说又有哪些风险呢？

莉莉安·勒戈夫：我们人类无法躲避毒素对健康不可预知的影响，首先是因为某些基因指定的遗传密码会对人类医学中常用的抗生素（如阿莫西林）产生耐受；其次是由于转基因产品会促使病毒复合，从而可能产生新的细菌，或者制造出容易引起过敏的食物。这是最有可能出现的风险，而且生物技术公司已经出于这方面的担忧不得不从市场上撤回一个玉米品种。

卡丽娜·卢·马蒂尼翁：针对这一问题推出了哪些食品安全措施呢？

莉莉安·勒戈夫：进口并大批量在养殖业中使用的转基因饲料型种子（如大豆），已经将食品卫生安全问题推上了风口浪尖。前面已经提到，这些经过改造的植物自身能够分泌一种杀虫剂或者能够耐受除草剂。也就是说，植物会将除草剂集中到一起，并积累降解产物，其中一部分产物十分稳定，而且带有毒性。

卡丽娜·卢·马蒂尼翁：也就是说，食用以转基因大豆喂养的畜禽对人类来说是很危险的？

莉莉安·勒戈夫：大豆经过改造后，通常能够耐受一种名为草甘膦（Glyphosate）的化学品。草甘膦的长期毒性可以致癌，但同时也能极大地降低土壤的肥沃程度，因此成了科学论文的热门研究对象。这种除草剂及其在肉蛋奶中的降解产物最终去往何处？目前尚无任何资料，不过已经从使用转基因产品喂养的母牛体内提取到了相关物质，只是由于缺乏影响力，还未进行任何针对提取物的研究。通过对食用此类食物（能够分泌一种对马铃薯甲虫有毒的凝集素的转基因马铃薯）的老鼠进行实验，人们发现肠细胞直接对转基因产品产生反应，继而开始大量增殖；而食用普通马铃薯的对照组并未出现任何不良反应。

卡丽娜·卢·马蒂尼翁：不过，转基因产品也不算一无是处。实验室中出于医疗目的进行的基因改造工程，不就给人类在抗击某些疾病方面燃起了一丝希望吗？

莉莉安·勒戈夫：确实如此，但希望归希望，不能同第二种基因改造——农业用途的改造——混为一谈，更不能成为开脱的借口，因为这种在野外进行的改造根本无法控制。例如，花粉的传播就是一个不可逆且呈几何指数增长的过程。

投资回报优先

卡丽娜·卢·马蒂尼翁：说到底，生物技术带来的革新是经济发展过快的产物吗？

莉莉安·勒戈夫：问题的核心就在这里。政府并未要求就转基因产品对环境和健康的影响进行深入研究。农田都成了实验台，如今到处都在进行试验性种植，环境和传统物种都暴露在转基因花粉之下。要知道，法国95%以上的试验性种植，目的在于测评转基因产品的农业价值，并将这些产品与部分商业品种进行杂交。反正肯定不是为了研究它们对环境或健康造成的不良影响！

卡丽娜·卢·马蒂尼翁：这些产品的可溯性和标签体系呢？

莉莉安·勒戈夫：1999年6月，出台了一项关于种植和进口这些产品的禁令。2003年7月2日，欧洲议会投票通过了一项法律，旨在改进含转基因成分产品的可溯性和标签体系。可是，问题在于没有一项针对肉、奶、黄油、奶酪、鸡蛋等常见产品的具体规定，消费者无法知道这些产品是否来自于用转基因产品喂养的动物。因此，如果撤销禁令的理由是大众已经获得了自由选择所需的必要信息，那在本质上就是在欺骗大众。

卡丽娜·卢·马蒂尼翁：这种占有生物的行为，其实是与食品公司从种子到收成商业化的绝对垄断相辅相成的？

莉莉安·勒戈夫：农业转基因产品没有满足消费者、农业生产者和政府的任何需求。那些生物技术公司通过施压使自己的荒诞计划获得认可，其唯一的目的在于获得投资回报（1999 年以来，美国在这方面的补贴高达 120 亿美元）。这些公司通过获取为转基因种子和植物申请专利的权利进一步巩固垄断地位，可是，物种的基因组本应被视为一种不得转让的财富。因此，20 世纪 70 年代开展的讨论显然本质上属于伦理道德的范畴。可惜到现在也没有任何议会真的关心这个问题。

菲利普·德布罗斯：20 世纪 80 年代，在美国，3 家机构持有 80% 的扁豆专利，4 家持有 62% 的莴苣专利，而所有的菜花专利都为两家机构所有。一家欧洲非政府组织协调机构最近公布的报告显示，先正达公司持有 40% 以上关于控制植物生长与繁殖的生物技术的注册专利。依靠这些专利，那些（也生产肥料和杀虫剂的）公司实现了对种子的垄断。它们禁止农业生产者把种子储存起来以供下一年使用，强迫他们每年重新购买一次种子，否则就起诉他们。这样一来，农民、生产者、市场乃至发展中国家都将很快沦陷，被迫选择转基因产品。

卡丽娜·卢·马蒂尼翁：不过，有些发展中国家将转基因产品视为饥荒的解决方案。人口数量超过 10 亿的印度就是这样，很多国民都处于营养不良的状态。

菲利普·德布罗斯：6.5 亿印度农民不得不面对的一个问题，就是他们的庄稼饱受虫害困扰。与此同时，印度人口还在不断增长，5 岁以下的儿童中有将近 47% 面临着营养缺乏的问题。政府确实打算将转基因作物种植作为改善粮食收成的手段，不过结果相当令人失望。政府曾经批准种植孟山都公司研制的棉花，但初步研究表明，引入这种棉花后，寄生虫的耐药性显著提高，而这些变异的虫子随后就开始吞噬其他作物了。

卡丽娜·卢·马蒂尼翁：无论如何，转基因种子成为养活世界人口的强效手段已经变成一种主旋律了。

莉莉安·勒戈夫：这种妄言其实就是对整个世界的嘲笑。首先，对于那些只有基本生产手段的人来说（全世界 13 亿农民中只有 3000 万实现了农业机械化），转基因种子成本太高，产量太低（每公顷约 500~1000 公斤）。其实只要进行真正意义上的合作，就能使产量翻一番，使农民重新独立自主，实现食物的自给自足。但是，对于掌握获得专利的转基因产品的公司来说，这种实实在在的解决方案可不是好事，毕竟它们的首要目标是巩固其在食物领域的垄断。

3

被绑架的健康

人类健康备受侵害

卡丽娜·卢·马蒂尼翁：在环境面临的生产至上主义农业与生俱来的所有危险因素中，您认为哪个因素是最值得担忧的？

莉莉安·勒戈夫：我认为，控制植物病害的产品造成的污染是最值得担忧的，这种污染的使用如今已经波及了土壤、空气、地表水、含水层、海洋和食物链。此外，20 世纪 50 年代开始流行的生产效率使植物变得脆弱，因为它们已经对这些化学产品产生了依赖。

卡丽娜·卢·马蒂尼翁：什么是“控制植物病害的产品”？

莉莉安·勒戈夫：这是指用来消灭寄生在动物和植物上面的所谓害虫的农用杀虫剂。这些杀虫剂主要用于农业产业，不过公共服务机构也会用它们来养护街道和绿地。法国国有铁路公司（SNCF）等大型公司用它们养护铁路，业余园丁们也不例外，而且这些杀虫剂还可以供家用（家用杀虫剂、抗寄生虫产品、木质墙板加工等)。值得注意的一点是，农业中的“控制植物病害”(phytosanitaire)一词就是由生产和销售这些产品的公司发明出来用于糊弄公众的，更准确的说法当然应该是“毒害农业”(agrotoxique)产品。

卡丽娜·卢·马蒂尼翁：这些产品的原理是什么？

莉莉安·勒戈夫：它们本质上属于生物杀灭剂，也就是说它们的作用是消灭有机生物。杀虫剂消灭昆虫，除草剂消灭植物，杀真菌剂消灭蘑菇，杀线虫剂消灭蚯蚓，等等。杀虫剂可以直捣目标或感染摄入杀虫剂的目标。这些化学产品中有很多会扰乱内分泌系统（分布在血液中的激素能够稳定生物体内的各大平衡），而且会毒害神经系统（大脑和神经）。在法国，杀虫剂的成分分为几大类，共有约600种活性物质，用在近9000种制剂当中，而在世界范围内销售的约1500种活性成分有着30000种不同的叫法。2000年，全球杀虫剂市场总值高达近280亿美元。

菲利普·德布罗斯：除草剂彻底清除了野生大自然的财富，夺走了这些被错误地归为“杂”草的植物给人类带来的好处。其实这些杂草的根部能够深入地下，寻找营养物质，并把它们带回地面。杀虫剂也是同样的原理，它所消灭的昆虫是植物繁殖过程中非常宝贵的助手，而昆虫的死亡也意味着以其为生的鸟类的消失。

卡丽娜·卢·马蒂尼翁：杀虫剂对脆弱的可耕土层又有哪些影响呢？

莉莉安·勒戈夫：杀虫剂会杀灭这层土壤中生存的微生物，而微生物群落的衰退和毁灭又会干扰植物对营养物质的吸收，植物也就因此变得十分脆弱。更严重的问题是，这种现象也殃及了蚯蚓，而蚯蚓对腐殖土的更新和通风起着至关重要的作用。为了缓解土壤的衰退，现代农业就开始借助化肥的力量了。

弗朗索瓦·普拉萨尔：有意思的是，要知道，用杀虫剂消灭 1~3 吨蚯蚓后，就需要人工分解有机物，从而使产量在 3 年时间里呈现出惊人的增长！简直是一大商业错觉！

向大自然宣战

卡丽娜·卢·马蒂尼翁：这些产品是何时出现的？

菲利普·德布罗斯：最初的控制植物病害产品在第一次世界大战结束后出现。当时的产品来自于一种名为有机磷的化学武器，属于磷衍生物，随着美国马铃薯甲虫的到来和入侵应运而生，被当作杀虫剂使用。20 世纪 30 年代出现了滴滴涕（即有机氯类杀虫剂），用于消灭二战期间武装部队驻扎地的蚊子。孟山都公司生产的橙剂曾经在越南作为落叶剂使用，后来也经回收利用，成为一种农业除草剂。

卡丽娜·卢·马蒂尼翁：大自然就这样成为敌人？

莉莉安·勒戈夫：这个问题确实值得思考。有数据显示，法国一直在全球杀虫剂使用大国的第二名和第三名之间徘徊，仅次于美国和日本；每年使用10万吨杀虫剂，创造了20亿欧元的销售额。全世界每年有50万吨活性物质投入市场，而近十五年的时间里，杀虫剂的总使用量翻了两番。

产生耐药性的昆虫

卡丽娜·卢·马蒂尼翁：该如何解释这种增长呢？

莉莉安·勒戈夫：一方面的原因在于产量，刚才我们说过，产量的代价就是物种的脆弱化；另一方面的原因在于杀虫剂针对的某些害虫产生了耐药性。当你想方设法消灭一个物种时，在造成大量伤亡的同时，也遗留下了部分幸存者。这些幸存者通过基因变异发展出耐药性，并将这种耐药性传给后代。

卡丽娜·卢·马蒂尼翁：有耐药性的物种很多吗？

菲利普·德布罗斯：很多病毒和昆虫经过几十年的变异，对于那些失去自然性、无法自发地筑造防御体系的植物变得更有破坏性。1938年，有7种寄生虫开始具备耐药性，1954年增长到23种，1982年则跃升至432种。如今，共有900个种类的杂草和害虫产生了耐药性，破坏了35%~40%的收成。就拿烟粉虱来说，这是起源于中东地区的一种蚜虫。20世纪20年代，这种昆虫开始散布至全球各地，并于80年代产生了对杀虫剂的耐药性。从此以后，这种昆虫开始侵袭近600种植物，传播约60种病毒。当然，它自身几乎也对所有杀虫剂具有耐药性。

变异生物统治的时代

卡丽娜·卢·马蒂尼翁：这些产品杀掉的其实是不受欢迎物种的天敌，从而导致这些物种大量出现？

菲利普·德布罗斯：完全正确。每当人们用杀虫剂毒死一只山雀，就意味着失去了一个每个季度能吃掉600万只以上昆虫的小生命！当年为了尝试消灭玉米螟（一种蛾子，其毛虫喜食植物）人们使用了合成除虫菊酯；然而，这种药物却除掉了以蚜虫为生的瓢虫，导致如今蚜虫大肆破坏收成。20世纪80年代，在印度尼西亚，侵害糙米的蚱蜢的天敌被大规模消灭，结果蚱蜢在两年的时间里吞噬了价值近15亿美元的糙米。从那以后，政府决定取消为鼓励使用杀虫剂而提供给农民的补贴，以此来鼓励农民寻找其他除虫途径。

卡丽娜·卢·马蒂尼翁：这是一个恶性循环。昆虫既然有了耐药性，显然会导致人们使用更多的杀虫剂。

莉莉安·勒戈夫：是的，这其实就是一种化学升级，同时也解释了为什么有些果树一个季度就要打40次农药。农民选择提高用量或者将多种产品组合使用，这就便宜了那些农药生产商（如孟山都、诺华、安万特、先正达、阿斯利康、杜邦等），他们瓜分的不但是全球杀虫剂市场，还有种子市场。如果新兴国家在发展过程中也采用这种生产至上主义的农业模式，那么这些国家的杀虫剂市场前景也将会异常广阔！

卡丽娜·卢·马蒂尼翁：这些产品对环境具体有怎样的影响呢？

菲利普·德布罗斯：现在必须要敲响警钟了。在我们这个工业化的世界里，已经有90%的农业用地在使用杀虫剂。这些物质是水溶性的，也就是说它们可以溶于水，并被水带到别处，所以我们才会发现它们遍布溪流、江河、海洋以及我们的食物之中。它们在食物链中有着一种可怕的累积效应，哪怕只是极少量就可以产生惊人的效果。例如，一种打过农药的植物，农药在其体内的含量一开始为1ppm，吃掉这株植物的昆虫体内累积了30ppm，吃掉昆虫的鸟累积了200ppm，吃掉这只鸟的猛禽累积了4000ppm，猛禽的蛋则累积了30000ppm。到了这个阶段，这只蛋就已经无法孵出幼鸟了。因此，杀虫剂污染的其实是整个地球。现在连北极的鱼类、北极熊和海豹的脂肪中都发现了这些物质！

受毒害的北极熊

卡丽娜·卢·马蒂尼翁：距离农业和工业生产区数千公里外的地方，怎么也会发现杀虫剂的踪迹呢？

莉莉安·勒戈夫：杀虫剂不会从环境中慢慢消失，它只会通过被有机生物吸收而降解。从我们刚才讲到的“生物累积”（bioaccumulation）现象来看，整个食物链都受到了污染。然而，降解产生的分子有时也与被降解的分子有着相同的毒性：杀虫剂污染了水和空气，之后随着雨水降落——它们也正是通过雨水出现在北极的。欧洲的某些研究表明，杀虫剂在雨水和雾气中的累积量比其在饮用水中的限定含量高出 140 倍。杀虫剂的活性成分主要附着于器官的脂肪组织上面，这也解释了为什么部分杀虫剂具有毒害神经的作用，因为神经系统中的神经元膜富含脂肪。有些杀虫剂还具有与雌激素类似的激素作用，会降低生育能力并造成泌尿生殖器畸形。正是这些激素紊乱现象使美国人得以发现杀虫剂对野生动物的有害影响。

卡丽娜·卢·马蒂尼翁：他们是如何获得这一发现的呢？

莉莉安·勒戈夫：在北美广袤的森林里，他们发现有些鹿科动物出现了繁殖方面的困难，一方面是因为它们的繁殖能力有所倒退，另一方面是因为雄鹿的生殖器发生了萎缩。调查表明，问题的根源在于它们食用的地衣和苔藓。这些由一种蘑菇和一种藻类结合形成的复杂植物以空气中的水分为生，它们直接将悬浮在周围空气中的杀虫剂累积起来。美国科学家西奥·科尔伯恩（Theo Colborn）在 20 世纪 80 年代末对动物在环境污染影响下产生的生殖紊乱进行了研究。她注意到，在佛罗里达州的一个被杀虫剂（即开乐散）污染的湖中，短吻鳄的数量持续下降，而原因就是 60% 的雄性短吻鳄生殖器发生萎缩！这种畸形现象正是直接由杀虫剂造成的。

卡丽娜·卢·马蒂尼翁：杀虫剂会蒸发到空气中，随后依靠天空中的云长途奔袭全球各地，最终随雨水落下？

莉莉安·勒戈夫：完全正确。据估计，25% 至 75% 的除草剂通过这种方式散布至使用除草剂的庄稼地之外的地方。法德环境研究所（Institut Franco-Allemand de Recherche sur l'Environnement）的一项研究表明，农村人口通过呼吸道摄入的杀虫剂量是城市人口的三倍。目前，我们尚未弄清摄入杀虫剂对健康的影响，但已知的是，不同于消化道吸收，杀虫剂会在血液中直接同化，而不存在部分降解的可能。

蜜蜂死亡之时

卡丽娜·卢·马蒂尼翁：杀虫剂的毒性会像化肥那样导致野生动植物多样性的下降吗？

莉莉安·勒戈夫：现在已经有大量物种——包括昆虫、鸟类、哺乳动物等——在这些产品的影响下灭绝了。例如，由于云雀赖以为生的昆虫和草被错误地视为有害，人类使用杀虫剂和除草剂灭掉它们，致使云雀消失殆尽。一项研究表明，在英国，云雀的数量在30年间下降了75%。捕食啮齿类动物和体型较小鸟类的猛禽也受到了感染。它们的生存率大大降低，他们的蛋无法孵化，或者孵出的雏鸟呈现出畸形。很长一段时间内，使用高巧（Gaucho）和锐劲特（Regent）的恶果都落在了蜜蜂身上：这两种杀虫剂导致法国约45万个蜂巢消失。

卡丽娜·卢·马蒂尼翁：如今已经禁用这些产品了吧？

莉莉安·勒戈夫：锐劲特（1997年上市，经销商为德国化学集团巴斯夫）含有一种名为“氟虫腈”的分子，而1992年由拜耳公司推出的高巧则含有“吡虫啉”。这两种杀虫剂的原理在于将植物包裹起来，以防止虫害。法国食品总局去年的一项调查显示，这些产品可能是造成蜜蜂死亡的原因。锐劲特从来未获得官方的上市许可，近期受到禁用；而对高巧的禁用则要等到2006年欧洲委员会对该药再次作出评估结论时才能确定。养蜂人可能要打上10年的官司，这样的话，养蜂业的企业就会大规模关闭；到那时，这场悲剧的严重程度才会得到重视。

卡丽娜·卢·马蒂尼翁：这些产品是如何作用于蜜蜂的？

莉莉安·勒戈夫：在蜜蜂采集花粉时，神经毒素会导致蜜蜂死亡。这种毒素也是导致内分泌系统紊乱的罪魁祸首。

卡丽娜·卢·马蒂尼翁：发生在短吻鳄、北极熊和蜜蜂身上的事情，也会发生在人类身上吗？

莉莉安·勒戈夫：直到今天，癌症专家仍在不停地警告着人们。最近，多米尼克·贝尔波姆（Dominique Belpomme）教授就发起了“巴黎倡议”（*Appel de Paris*），多名诺贝尔奖获奖者在这份旨在提醒公众警惕化学污染危险的宣言上签了名。他认为，15%~25%的杀虫剂具有致癌性，并且直接进入了癌症死亡原因的名单。在使用杀虫剂频率高于其他人群的农民身上就发现了神经组织退化问题和部分脑部肿瘤。人们早就知道含氯杀虫剂被列为能导致骨髓癌变的物质。近五年来，蒙彼利埃医学院（Faculté de Médecine de Montpellier）的夏尔·苏尔丹（Charles Sultan）教授在暴露于这些产品下的农民子女中发现，先天畸形和诸如隐睾症（即睾丸未下降至阴囊）等其他严重问题的案例大量增多，年轻人中患生殖器癌症的人数显著上升，雄性胚胎雌性化以及男性生育能力下降——所有这些现象都与干扰内分泌的因素有关，而杀虫剂就是其中之一。

卡丽娜·卢·马蒂尼翁：人类破坏环境，不就是在自我伤害吗？

莉莉安·勒戈夫：完全正确。对生育能力的损害就是对这句真理的证明。总体来说，男性精子比率在50年间下降了50%，而这种现象尤其要归咎于杀虫剂。人们还发现了其他的病症，如过敏和免疫力的严重下降。

菲利普·德布罗斯：在已经完成的多项研究中，法国法兰西岛（île-de-France）的一项研究表明，在花园或屋内使用杀虫剂的家庭，其子女更易罹患淋巴瘤和脑瘤。

被污染的地下水与食物

卡丽娜·卢·马蒂尼翁：可以评估出这些产品对含水层与水道的影响吗？

莉莉安·勒戈夫：总体来看，法国的地下水已受到杀虫剂的严重污染。1998年10月21日，通过法国环境研究院报告向公众展示的第一份涉及法国全境的评估控制植物病害产品对水资源污染程度的全国性综述，揭露了"地下水普遍受到杀虫剂污染"的问题。所有水道、半数含水层以及几乎所有河口及海岸地带都出现了杀虫剂的踪迹（只有3%的河流除外）。另一项公布于2000年的研究显示，杀虫剂严重威胁到了90%的地表水和57%的地下水层，而通过江河流入海洋的杀虫剂总量则达到每天100公斤。

卡丽娜·卢·马蒂尼翁：人们更倾向于将水污染归罪于化

肥和家畜粪便所含的硝酸盐。

莉莉安·勒戈夫：硝酸盐对水和植物的污染其实不亚于杀虫剂。它本身其实无害，但由它形成的硝酸就有毒性了。在有细菌的情况下，硝酸可促进生成能够致癌的化合物亚硝胺，这种化合物对胃部和其他消化器官尤其危险。

弗朗索瓦·盖罗勒：一头重 100 公斤的猪，每年可排泄 1 立方米的粪便。英国有 600 万头猪（30 年前只有 50 万头），其对水的污染在所难免。水体出现了所谓的富营养化，造成水中生态系统窒息。也就是说水中出现过多以硝酸盐形式存在的氮基营养物质，使藻类的繁殖超过正常水平，消耗掉水中所有氧气，从而造成水中动植物的死亡。

卡丽娜·卢·马蒂尼翁：水质是从什么时候开始下降的呢？

菲利普·德布罗斯：40 年前，主要是源于硝酸盐和杀虫剂方面的农业污染，不过也有工业化养殖动物粪便堆积的原因。我们知道，法国 60% 的饮用水供应依靠的是含水层，而含水层的更新又十分缓慢，目前有 25% 的市镇的水无法饮用，这就够吓人的了！

卡丽娜·卢·马蒂尼翁：不过目前已经有一些行之有效的污染控制方案了吧？

莉莉安·勒戈夫：从国库支出来看，当然有效了！治理硝酸盐污染的成本高得惊人。1994 年出台的控制农业污染计划，其成本预计达到 20 亿欧元以上，目前已经花掉了 7.6 亿，其中 65% 以上为公共资金。最近五年，水费也上涨了 27%。

污染能够带来巨大收益

卡丽娜·卢·马蒂尼翁：为什么非要把心思全都花在减少污染上，而不对体制进行改革呢?

菲利普·德布罗斯：最大的问题在于，企业在减少污染方面的市场上能够赚大钱。1995 年，法国在污水管理上年均耗费 150 亿欧元，也就是说每个居民要耗费 300 欧元。这方面的投机活动蒸蒸日上，跨国水业公司不但在分销化肥、出售污水处理厂、面向市镇对水进行再分配、销售矿泉水，以及在回收利用垃圾的专业公司身上有利可图，甚至连丧葬业也不放过!

卡丽娜·卢·马蒂尼翁：我们再回到杀虫剂的问题上来。有些杀虫剂以能够被生物降解著称，这种特点能够起到安抚人心的作用吗?

莉莉安·勒戈夫：完全不能。尤其是这些杀虫剂的推广是建立在虚假广告基础上的，这种鼓吹产品无害性和虚假的可生物降解性的广告在美国广受谴责。农达除草剂就是一个例子。它是全球销量最大的无选择性除草剂，平均每年为农化公司孟山都带来15亿美元的收入。它的作用原理在于消除一切杂草，被农民、集体和其他个人广泛使用。然而，问题就出在这里。这种除草剂据称对人无害，而且可以在环境中降解，但25年来收集的数据却得出了相反的结论。这种除草剂的活性分子草甘膦在英国引发了大量急性中毒事件，而且在加拿大也造成了许多流产和早产的案例。由布列塔尼大区环境管理局（Direction Régionale de l'Environnement de Bretagne）和保护水资源及反对使用除草剂大区行动指导办公室（Cellule d'Orientation Régionale pour la Protection des Eaux contre les Pesticides）在1999—2000年进行的一项研究表明，这种物质在饮用水引水设施中囤积的含量有时会超标100倍以上，而且这种情况就发生在使用除草剂的数周后。

卡丽娜·卢·马蒂尼翁：如果我们的环境受到污染，而这些产品又对健康有害，那么可以推断出，我们的食物也受到污染了？

菲利普·德布罗斯：我们的食物中一直可以检测出杀虫剂残留，而且含量超过最高标准。1999年，欧洲约40%的水果和蔬菜含有杀虫剂，而美国水果和蔬菜受污染的比例分别为60%和29%。2000年，竞争、消费和反欺诈总局（Direction Générale de la Concurrence, de la Consommation et de la Répression des Frandes）的一项调查显示，法国54.4%的样本检测出了残留，受威胁最大的产品为甜椒、甜瓜、菜花、麦仁、草莓和生菜。

卡丽娜·卢·马蒂尼翁：从逻辑上来说，如果受到污染的不同食物被做成一盘菜，是不是这盘菜里就聚集了好几种污染源？

菲利普·德布罗斯：我想在此引用出现在夏尔·布吉尼翁（Charles Bourguignon）的《土壤、土地与农田》（*Le Sol, la terre et les champs*）中的一个例子。这位农学家讲述了发生在超市里的一块樱桃塔身上的化学故事。关于面粉，他写道："撒种前会在麦粒上涂一层杀真菌剂。在种植过程中，会根据每年不同的情况对麦子进行 2~6 次杀虫；还有 1 次激素处理以缩短麦秆，从而避免出现倒伏；还要使用大量肥料，每公顷 240 公斤氮肥、100 公斤磷肥和 100 公斤钾肥。"至于"这些鸡蛋出产自工业化养殖，母鸡吃的是一种含有抗氧化剂、香料、乳化剂、防腐剂、着色剂的小颗粒，而且还要注射抗生素。"而樱桃则"根据每年不同的情况在生长季节里接受 10~40 次杀虫剂处理"。

受到毒害的食物与大自然

当吃成为一件危险的事情

卡丽娜·卢·马蒂尼翁：有没有关于人体内杀虫剂残留情况的研究？

菲利普·德布罗斯：国家农业研究院在20世纪70年代末通过计算得出，法国人平均每年会通过日常饮食摄入1.5公斤各种化学制品——着色剂、化肥残留、杀虫剂等。更近一些的是2002年美国的一项研究，该项研究显示，在几周内坚持常规饮食的儿童，其尿液中杀虫剂的含量比那些食用未经杀虫处理食物的儿童高出9倍。2003年欧盟委员会进行的一项名为“环境与消费者”（Environnement et Consommateur）的研究表明，所有检查对象体内都含有至少69种来自于农业和饮食中的有毒物质。当时处在孕期的调查专员自己也参加了检测，发现她的乳汁中含有高浓度的杀虫剂。

卡丽娜·卢·马蒂尼翁：面对这种结果，政府又做了些什么呢？

莉莉安·勒戈夫：什么也没做。大多数时候，其他专家（通常都是工业体制内的专家）都会通过质疑实验报告中的细节来反驳这些结果。让-弗朗索瓦·维埃勒（Jean-François Viel）教授的研究成果就遇到了这种质疑。他发表于1998年的报告显示，在法国的阿尔萨斯（Alsace），接触杀虫剂的葡萄种植者患脑癌后的死亡率高达25%。

卡丽娜·卢·马蒂尼翁：法国的卫生安全到位吗？

莉莉安·勒戈夫：法国是对食品安全问题最为警惕的国家之一。政府可以向你保证这一点，而且他们确实有理有据。不过，必须要说明的一点是，这种安全仅涉及细菌引起的急性中毒危险。与各种农用化学制品大杂烩的反复接触问题却无人提起，而且对这些制品的毒性检测从来没有真正得到重视。

卡丽娜·卢·马蒂尼翁：有些人声称转基因生物、化肥和杀虫剂自身的危险因素其实并不重要，毕竟，平均预期寿命还在上升。

莉莉安·勒戈夫：平均预期寿命与生活质量有关，而生活质量又取决于诸多因素，不仅仅是食品和卫生方面的因素。

这些因素的作用效果会在两代人或三代人后显现出来。大约50年前，食品方面还不存在质量和污染的问题；受经济条件所限，食品匮乏；由于收入不足，三餐做不到营养均衡。如今，食品不可辩驳地要为80%的疾病，尤其是40%的癌症负责。此外，我们正在经历着污染的加重和食品质量的下降。难道非要等到平均预期寿命出现缩短迹象——部分流行病学专家已经预言了这一天的到来——我们才会行动起来吗?

动物背黑锅

卡丽娜·卢·马蒂尼翁：决定杀虫剂可否上市的毒理学研究是如何进行的呢?

莉莉安·勒戈夫：每个新上市的产品都要事先获得批准。一个由包括农化集团和植物保护工业联盟（UIPP）代表在内的数十名成员组成的委员会负责评估产品的毒性。在此背景下，委员会的工作显然并不具有完全的独立性。结果便是，本应被禁用的产品继续在市面上销售。

卡丽娜·卢·马蒂尼翁：可以通过哪些方法来确定产品毒性呢?

莉莉安·勒戈夫：一种物质对人类的急性毒性是通过在实验室动物身上进行的实验推导出来的，就是给动物注射或喂食目标产品来实验。有一种方法叫作半数致死量（DL50）。

这种由一名英国药理学家发明并使用的测试首次出现在 1927 年，用于确定导致 50% 测试动物死亡的毒素量。正是通过这种方法确定了每种活性分子在食物中的残留和日摄入量的上限。近 50 年来，一直有人对这些测试发出反对的声音。这些测试尤其在化学和农化领域被延续使用，倒是足以帮企业主挡住消费者的各种起诉了。

卡丽娜·卢·马蒂尼翁：不过，如今动物在大量摄入某种物质后死亡，对于人们来说已经不是什么新鲜事了，这些动物的突然死亡通常是由于胃部或其他器官超负荷运作造成的。

菲利普·德布罗斯：确实如此。美国的研究学者也证明了这一点，其中就包括约翰·拉斯特（John Laseter）博士，他曾于 1998 年赴布鲁塞尔参加由保罗·拉诺瓦（Paul Lannoye）组织的一个研讨会。

莉莉安·勒戈夫：在法国销售的 600 种杀虫剂中，只有极少数接受过国际癌症研究中心（Centre International de Recherche sur le Cancer）的评估。专家们承认，真正能够用来计算风险的适当工具与模型少之又少，针对每种分子颁发的许可证也并没有考虑到产品结合在一起的情况和它们的协同作用，这就造成了我们在环境中要应对杀虫剂大杂烩问题。

靠不住的可靠性

卡丽娜·卢·马蒂尼翁：两种产品结合在一起后，这些物质的危险性会增大吗？

莉莉安·勒戈夫：比单独使用它们的危害性更大也更广泛！蜜蜂就是个例子。人们分别单独使用某种除草剂和杀真菌剂时，不会给蜜蜂造成损害，但是，两种制剂混合在一起使用后，四分之三的蜜蜂会死亡。同样，针对杀虫剂对癌症潜在的长期慢性作用，如行为失常和激素紊乱，也没有进行足够的研究，或者说根本就没有相关研究。

卡丽娜·卢·马蒂尼翁：为了对一些在1993年之前未进行过检测的控制植物病害的产品重新进行评估，同时也为了决定是否针对这些产品的上市销售提起诉讼，欧盟实施了一项规模庞大的研究计划。结论就是，为了证明他们的产品不具危险性，各个企业要牺牲9200万实验动物的生命！

莉莉安·勒戈夫：这种方法也有其不足之处，因为它并未考虑人类的中毒途径、杀虫剂的长期影响以及与其他产品共同使用的后果。此外，实验动物的种类、年龄、体重、环境温度、季节和时间的不同，也导致测试结果的不同。例如，在不同种类和成熟度的鱼类身上，在不同的持续时间和水温环境下，像农达这种除草剂就会表现出3.2ppm~52ppm不等的毒性。同样，所有毒理学家都知道，同样一种产品在普通老鼠和小家鼠身上得到的测试结果都会有很大的不同。

卡丽娜·卢·马蒂尼翁：这样的话，哪种动物或哪个物种能够反映出多种产品混合后的长期作用呢？

莉莉安·勒戈夫：并不存在这样的动物或物种。之前提到过的科学家西奥·科尔伯恩也曾提到："动物实验给出了一些线索，但由于杀虫剂在每个物种身上的作用各不相同，无法预知在人类身上会发生什么。"各大企业也正是在这上面做文章，它们只在某些动物物种身上做实验，以得到他们想要的结果，从而获得上市许可！

农田里的死亡

卡丽娜·卢·马蒂尼翁：2004 年 1 月 1 日起，有 450 种杀虫剂在欧盟全境内被禁止销售。这种现象该怎么看呢？

莉莉安·勒戈夫：本质上，这些杀虫剂之所以从市场上撤下，并不是出于环境或公共卫生的原因，而是因为企业放弃维护这些几乎无法盈利的产品。毕竟，决定杀虫剂上市销售的是它们的盈利性，这也就导致出现了一些荒唐的现象。1996 年，地乐酚（Dinoterbe），一种对水生动物毒性极强且可能致癌的除草剂，被列入禁用产品名单。然而，官方公报上的决议却明确指出："如有待销售的库存产品，将限定其使用和分销的期限”。同样，法国直到 2002 年才禁止使用一种名叫“莠去津”（Atrazine）的有毒的控制植物病害产品，而德国则从 1991 年起就禁止销售这种产品了。对这种公认为危害公共卫生的库存产品，其优先考虑商品价值的心态，真是丑恶至极！

卡丽娜·卢·马蒂尼翁：农民知道他们使用这些物质时面临的风险吗？

菲利普·德布罗斯：不知道，或者说至少是最近才知道。他们在接受培训期间并没有涉及相关知识；此后，他们也没有受到农业公会、工会、医疗机构或是生产商的提醒。在法国，有 70 万 ~100 万人被认为因职业而面临上述风险。这些人从事的是与木材加工和农业有关的职业。有研究表明，农民比其他人群更易患上某些癌症——唇癌、脑癌、卵巢癌、皮肤癌、前列腺癌、胃癌和血癌（白血病），但他们仍在使用杀虫剂，因为没有任何政党表现出提醒这些农民并整顿强毒性产品上市问题的政治意愿。

莉莉安·勒戈夫：此外，使用这些物质的方式和用量方面也不存在任何监管。社会农业互助会（Mutualité Sociale Agricole）称，每 6 名法国农民中就有 1 人表明曾在使用控制植物病害产品后身体出现紊乱。发生上述情况时，10 次中有 9 次是未使用任何保护设备。之所以有必要在耕地时穿上带呼吸面罩的防水服，一定是有原因的，不过可能穿戴这样一身行头的农民形象会吓到消费者吧！

卡丽娜·卢·马蒂尼翁：法国开展过相关的流行病学研究吗？

菲利普·德布罗斯：没有，但加拿大和以色列等国都开展过相关研究。这些研究描述了不同地区的人员暴露在这些产品当中后突然出现帕金森病例的情况。研究涉及的农民在程度中等但更长时间地接触有机磷后，还出现了更具普遍性的紊乱，包括注意力、记忆力、专注力和情绪方面的障碍，或者还会出现头疼的情况。

卡丽娜·卢·马蒂尼翁：如果考虑到每个消费者都会以直接或间接的方式摄入这些成分的话，农民其实并不是唯一的受害者吧？

莉莉安·勒戈夫：确实如此。即便是微量摄入，我们每个人也都会受到影响，更何况杀虫剂会随着时间的推移在体内逐渐累积，因此并没有微量摄入无害一说。此外，这些成分还会通过胎盘转移到胎儿身上，或通过乳汁转移到婴儿身上。在国外，根据国际劳工局（BIT）和世界卫生组织在 2003 年进行的估算，每年有 22 万人死于急性中毒，还有 300~400 万人因急性中毒而患上严重疾病。

连锁毒素

卡丽娜·卢·马蒂尼翁：为什么在发展中国家会有如此多的死亡案例？

莉莉安·勒戈夫：最危险的那些杀虫剂在工业化国家被禁用，于是就发往发展中国家。在那里，由于缺乏相关法律，这些杀虫剂得到了销售许可。这样一来，这些杀虫剂又通过主要从这些地区进口的外来食品回到了我们的盘子里，例如咖啡、茶、糖、香蕉、菠萝等。出口活动制造出了一种毒素的循环，损害着生产毒素的工人、使用毒素的农民以及食用毒素的消费者的身体健康。

菲利普·德布罗斯：根据欧洲议会一份报告的估算，农化公司销售额的三分之一来自于这些杀虫剂的出口。

卡丽娜·卢·马蒂尼翁：制度上的空白、文盲问题和工作条件这三个因素，将这些产品变成了致命武器吗？

菲利普·德布罗斯：完全正确。世界卫生组织和国际劳工局称，每分钟就有一个第三世界国家居民成为杀虫剂中毒的受害者。销往这些国家的杀虫剂中，至少25%属于禁用或受到严格监管的产品。有些产品从未经过分析，还有些产品是为人所熟知的能够导致癌症、生殖器畸形和基因突变的毒素。然而，美国联邦法律却明确规定，禁用或未进行登记注册的杀虫剂可以合法出口！

卡丽娜·卢·马蒂尼翁：实地情况如何？

菲利普·德布罗斯：显然十分悲惨。在北美洲那些通过飞机撒药的棉花田里，种植者就在喷洒杀虫剂的同时在地里干活。在墨西哥北部的库利亚坎（Culiacan）大面积种植着销往美国超市的西红柿，近年来，总有农业工人因含氯杀虫剂的使用而受到侵害并死亡。在瓜德罗普（Guadeloupe），香蕉种植园喷洒杀虫剂也造成了同样的问题，有些虽然被禁用但尚且有利可图的控制植物病害产品还成了走私活动的对象。在哥斯达黎加，4000 名农业工人在被大型杀虫剂公司强迫使用铁锹播撒这些产品后，失去了生育能力！非洲和亚洲的情况很相像。近日，一种名叫“百草枯”（Paraquat）的除草剂爆出了丑闻，最终却不了了之。

卡丽娜·卢·马蒂尼翁：什么丑闻？

马蒂娜·雷蒙-古尤：百草枯是一种包括法国在内的世界各国广泛使用的强力除草剂，主要用于葡萄树和果树种植。该产品由全球最重要的瑞士跨国农化公司先正达（Syngenta）推出。有六个欧洲国家现在弃用了该产品，其中瑞士 14 年前就禁用百草枯了。其他国家也对该产品的使用进行限制，尤其是法国，考虑到该产品对使用者和国民健康的危险，将其列入经再评估后方可上市的产品名单。然而，法国最终还是不顾毒性研究委员会的意见同意其上市。从 1962 年上市直至 1971 年间，百草枯共计引起 120 人死亡。其毒性之大，摄入 3~6 克即可致死。肺部和皮肤中毒的案例也比比皆是，尤其是在发展中国家，我们在之前已经解释过原因了。在这些国家，由于具有快速致死的效果，百草枯还经常被用作自杀工具。

狡猾的策略

卡丽娜 · 卢 · 马蒂尼翁：虽然这种产品有毒，却仍在合法销售。那些公司是如何使禁用产品避开管制的呢？

菲利普 · 德布罗斯：如果一个国家禁用某种产品，那么农化公司只要搬到那些缺乏信息和管制，可以自由售卖产品的地方去就行了。跨国企业就发现了这样一种狡猾的策略：它们将禁用的杀虫剂的各种化学成分分开运往第三世界国家，在那里的配方工厂重新制造杀虫剂，这样就可以给它换个新名字，再卖向全世界了。为了骗过那些有所警觉的政府，跨国企业可以毫不犹豫地伪造产品标签，再由为应急而在当地建立的小型空壳公司进行分包。

卡丽娜 · 卢 · 马蒂尼翁：不过这些化学产品最近受到了多重管制，也引起了诸多争论。就拿《鹿特丹公约》（*Rotterdam Convention*）来说，这项公约就针对危险化学产品和杀虫剂贸易制定了相关法律。

菲利普·德布罗斯：确实如此。数个发展中国家在2003年2月批准了这项由联合国粮食及农业组织（Organisation des Nations Unies pour l'Alimentation et l'Agriculture）所发起的公约。我们希望该公约能够促使人们逐步摆脱这些骗人的杀虫剂造成的悲剧，并使进口国能从出口国获得产品无公害的保证。理论上，该公约还能够使各国政府自由选择拒绝进口对人类健康和环境有害的杀虫剂，并重新围绕针对这些产品的毒性研究程序进行独立审查。法国近期也签署了《斯德哥尔摩公约》（*Stockholm Convention*），该公约将于2004年5月生效，旨在更好地评估持久性有机污染物（POPs）的危险性，并找到其替代品。只要这些公约能够得到严格执行，其前景还是非常广阔的。

卡丽娜·卢·马蒂尼翁：如今，既然杀虫剂的短期或长期危险性已经为人所知，也存在相关的文书和公约，为什么还在制造和销售这些物质呢？

菲利普·德布罗斯：因为那些占有杀虫剂市场80%份额的大型农化公司和实力甚强的农业联合会向政府施压，以确保这套填满它们腰包的体系能够存续下去。那些大型农化公司最近还联合起来促进其产品出口，并拒绝为这些产品缴税。

预防原则

卡丽娜·卢·马蒂尼翁：难道不应该更明了地向消费者提供关于可能出现在他们的食物中或花园里的化学产品的情况吗？

莉莉安·勒戈夫：如果政府想要围绕杀虫剂造成的环境污染规模及其对健康的危害进行真正意义上的评估，那么评估结果会迫使我们改变目前的农用产业模式，并立刻从市场上撤回大批正在从源头上污染食物和水的产品。这就需要采取预防原则，对系统使用杀虫剂的行为提出质疑。

卡丽娜·卢·马蒂尼翁：如何定义预防原则呢？

多米尼克·布尔格：预防原则概念诞生于 20 世纪 70 年代的德国，它要求人们对可能出现的威胁保持谨慎的态度，并思考我们的行为和活动的影响。经希拉克（Jacques Chirac）总统提议，如今这一概念正在被逐步纳入法国《宪法》，同时出台了一部建议“每个人拥有生活在尊重健康的平衡环境中的权利”（Droit pour chacun de vivre dans un environnement équilibré et respectueux de la santé）的宪章。由史前学家伊夫·柯本（Yves Coppens）担任主席的委员会在法国发起了一场全民思考，随后于 2003 年 6 月向部长会议提交一部法律文本，又于 2004 年 5 月和 6 月将该文本提交至国会。如果议会通过该文本，它将建立一套针对“给环境造成严重且不可逆转的”损失风险的监督机制。根据《环境宪章》（*Charte de l'Environnement*）第五条，要甄别此类风险，政府需要采取双重行动：对风险进行评估，以及采取“临时的相称”措施来预防风险。换句话说，更好地了解其面对的风险，并想办法降低风险，政府应具备相应的手段，而不是等发现科学上的不确定性再行动。

卡丽娜·卢·马蒂尼翁：以医学科学院为首的众多机构却认为这种原则可能会妨碍科研自由，并制约经济活动。

马蒂娜·雷蒙-古尤：面对环境遭受的严重或不可逆转的威胁，预防原则的目的在于：在最糟糕的事情发生之前采取措施。我们没有必要拿科学上的不确定性或者确定性当挡箭牌。在我看来，这一行动和思维原则其实是我们这个世界依靠科技加速发展获得进步所付出的代价。人类活动和科技发展还要继续，但我们也要筑起一道防线，保护自己免受潜在灾难的侵袭。

卡丽娜·卢·马蒂尼翁：这种原则应用于农作方法后会产生哪些正面或负面的影响呢？

多米尼克·布尔格：在经历了50年的大规模化学污染后，我们终于能够更好地审视污染后的环境对人类健康造成的影响，但是，没有已经完善或完整的知识可供借鉴，所以我们现在必须开始采取预防措施。最近由贝尔波姆教授、伊斯拉埃尔（Israel）教授和蒙塔尼耶（Montagnier）教授发起的“巴黎倡议”就旨在落实预防原则以及严格限制化学工业，具有非常重要的意义。然而，农业曾经是且仍然是使用和传播各种合成分子的主要载体之一。

卡丽娜·卢·马蒂尼翁：进步一定要与经济效益画等号吗？

多米尼克·布尔格：如今的市场刚好与即时效益并存。但是，抛开我们刚才提到的各种参数的话，道理就讲不通了，而我们所面对的就变成了一种错误的效益，即一种只考虑金钱现实的效益。真正的进步应该包含现实在长远阶段内可以达到的各个方面。埃丝特勒·德莱亚热就在《农民：从一亩三分地到全世界》中引述了汉娜·阿伦特的一段思考：“‘种植（culture）’一词由‘愤怒（colère）’衍生而来，取耕种、存续、照料、养护和保存之意，最初指人类与自然之间的交易，即耕种和养护自然，使之适合人类居住。”这才是我们应该走的路。

4

另辟蹊径

自然与人类共同受益的农业

保护未来

卡丽娜·卢·马蒂尼翁：我们该如何摆脱这个造成各种社会、环境、公共卫生和经济危机的生产至上主义体制呢？

莉莉安·勒戈夫：显然，解决这一切问题的办法就是落实一项符合可持续发展准则的农业政策，各国领导人早在里约地球峰会（Sommet de la Terre de Rio）期间就曾经承诺过要遵守这些准则。值得一提的是，1992 年，173 名政府首脑签署了一项应在每个国家和每个城市执行的可持续发展计划。

卡丽娜·卢·马蒂尼翁：这个概念从何而来？具体指什么？

莉莉安·勒戈夫：20 世纪 70 年代，几位专家曾警告世人注意经济增长对社会、经济、健康和环境的负面影响。而可持续发展这一众所周知的概念就是在那时诞生的，它是保护和保存人类与自然未来的一种替代方案，适用于全球范围内的发展问题，如水、食物和可耕地的获取问题。从经济角度来看，这一概念涉及的是全球发展和交流的背景，旨在改善工作条件，更好地分配财富，并且确保发展不会损害贫穷国家、环境和人类的后代。

卡丽娜·卢·马蒂尼翁：什么是可持续农业（Agriculture Durable）？

莉莉安·勒戈夫：在此背景下，可持续农业指的是捍卫并实践一种不破坏环境的农业，总之就是一种能够生产健康食品、制造就业、实现生活质量、确保为子孙后代管理好自然资源的农业。

卡丽娜·卢·马蒂尼翁：这种在社会层面达到公平的农业能代替效率至上主义农业吗？

罗兰·阿尔比尼亚克：当然了！公平贸易就是要促进南北方在农业生产方面实现更加平衡的交换，也就是说购买产品的价格要确保相关人口能够通过收成养活自己，而无须开展毁灭性的农业活动，尤其能避免雇佣童工现象的出现。到目前为止，我们这种依靠大规模补助的农业尚无法促进上述交换的实现，因此这是应该尽快发展的道路之一。

卡丽娜·卢·马蒂尼翁：为了走出工业化农业把我们逼入

的这种绝境，还应该在哪些方面下功夫呢？

莉莉安·勒戈夫：首先，政府不能继续把包括一味追求产量在内的经济因素排在人口健康和自然资源存续的前面了。政府应优先开展的工作之一就是建立一个公共卫生体系，同时针对杀虫剂和化肥在环境和人口中的去留以及它们对健康的影响开展研究，最后落实一系列跨学科研究计划，以全面的视角审视问题，包括通过开展流行病学调查来评估人口面临的风险，以及寻找避免使用危险产品的替代方案。

“谁污染，谁治理”（Pollueur-Payeur）原则

卡丽娜·卢·马蒂尼翁：这个体系最终的目的是引起人们对实施一项将环境因素纳入其中的卫生安全政策的重视？

莉莉安·勒戈夫：我觉得这一点非常重要。但是，目前法国和欧洲都没有建立起这种体系。在法国，每次发生食品危机，我们都会发现，在处理与卫生相关的案卷时，农业部长都既是裁决者，又是当事人。另外一个典型的例子是，杀虫剂审批委员会中，有大约五十名代表农业和农用工业的成员，却只有一名代表卫生与环境的成员！

卡丽娜·卢·马蒂尼翁：如果能够对风险进行评估，自然也就应该执行预防与责任原则吧？

莉莉安·勒戈夫：完全正确。政府应该严格执行谁污染、谁治理原则，如果出现明显的过失或舞弊行为，应施以带有威慑性质的罚款或惩戒。但是，目前政府机构所具备的用于监管的人力和技术手段明显不足。另外，同样重要的一点是要继续叫停农业转基因产品的种植和进口，因为这些产品的所谓好处都只是服务于宣传，而其存在风险的证据在不断地累积。最后，政府一直没有针对出现损失后的问责和赔偿机制进行明确规定，应该填补这一令人无法接受的法律空白。

卡丽娜·卢·马蒂尼翁：我们到底该如何看待转基因产品，针对这一问题进行的（不用于商业目的的）根本性研究既需要花时间，也要有相应的方法吧？

莉莉安·勒戈夫：那是一定的。研究的目的其实很简单，就是为了更好地理解生物的运作以及了解改变基因的后果。这总好过冒着打开潘多拉魔盒的风险，同意在农田和我们的盘子里推广实验产品。抛开之前已经提到过的危险，由于目前已经证实初始物种存在被转基因花粉污染的风险，我们还应该保护自由选择食物的权利。抛开转基因产品的问题，在可以想见的解决方案中，还有一条就是落实一项农业指导性法律，规定优先支持重视环保、产品质量和就业的生产方式，换言之，就是符合可持续发展目标的生产方式。

卡丽娜·卢·马蒂尼翁：在这方面是不是缺乏真诚的政治意愿？

莉莉安·勒戈夫：这么说算是轻的了！不过20年前，德国人确实尝试过替代办法，而且获得了成功，这对我们来说应该是一种鼓励！例如，在慕尼黑，由于认识普遍提高，农民决心坚定，而且在当时的情况下存在真实的政治意愿，最终实现了向更加重视环保的农业的转变，而且产生了积极的效果。如今，慕尼黑地区再也不用进行污水处理了，因为那里的水已经达到了泉水的质量，而法国仍然要在每吨水上花0.27欧元来过滤里面的硝酸盐！德国为鼓励农民转变农业方式而花费的财政补助可比这便宜多了，每吨水才0.01欧元！这笔补助实际上也是一种从污染治理中节省出来的投资。

卡丽娜·卢·马蒂尼翁：完全化学化是一种不可或缺的恶行吗？

莉莉安·勒戈夫：当然不是了！有些发达国家，如荷兰、瑞典和挪威，就通过各种手段（税收、培训、财政鼓励等）在10年内成功减少了一半控制植物病害产品的使用，同时也并未扰乱国家经济。丹麦也做出表率，自1996年以来，共减少了30%的杀虫剂用量。

生态农业

卡丽娜·卢·马蒂尼翁：具体都有哪些环保的耕种方式和代替传统生产方式的做法呢？

菲利普·德布罗斯：生态农业属于一种可靠的替代办法，而且至少是农业可持续发展最完善的模型。它的作用在于促进实现迈向能源独立和食物自给自足的第一步。它首先是一种更加节约且更加自主的农业形式，而且不会对自然资源、健康和环境产生负面影响。

卡丽娜·卢·马蒂尼翁：它和生产至上主义农业之间的具体区别在哪里呢？

菲利普·德布罗斯：生态农业的全部做法所追求的目标是生产质高量足的农业食品，尤其是确保与自然生态系统的和谐关系，而不是去想方设法征服它们。例如，生态农业会通过提高植被的多样性来控制有害的动物或植物物种。通过种植有驱虫作用的植物或栽种某种特别的篱墙和灌木，可以让食虫鸟类落户其中，从而使植物摆脱害虫及其幼虫。另外一个原理是实现作物的轮作，避免土壤和生活在土壤中的微生物的枯竭，以及通过种植某些特定植物，在两轮生产的空隙间为土壤提供天然的养料。当然，一定也要使用天然肥料。

卡丽娜·卢·马蒂尼翁：总的目标就是与大自然合作，而不是征服自然或与自然为敌？

菲利普·德布罗斯：完全正确。我们再举个例子。蜜蜂在很多植物通过传粉实现的受精和结果过程中扮演着决定性的角色。它们的工作影响着收成的规模和经济产量。据专家称，一片果园里只要有蜜蜂，产量就能提高30%。因此，有必要更多地借助蜜蜂来提高产能。目前，养蜂人和农民之间的合作还很少，而且由于农民在耕种时使用的物质会杀死蜜蜂，还经常导致养蜂人破产。总之，合作将是一种简单却可以很快见效的行动。

卡丽娜·卢·马蒂尼翁：生态农业能够帮助保持农业体系及其环境中的基因多样性吗？

菲利普·德布罗斯：完全可以。生态农业还能够促进对野生动植物的保护。至于养殖动物，它们的生存条件和生理需求也将得到重视。与厩养时的状况不同，养殖动物将可以展现出它们特有的行为，免受精神压力或疾病之苦。

土壤的保护

卡丽娜·卢·马蒂尼翁：这样做可以实现相同或者更高的产量吗？

菲利普·德布罗斯：有人认为，既要保障产量和发展，又要采用对自然与人类加以重视的土壤管理模式，这是不可能的。这种想法是错误的，更何况这种管理模式所带来的好处远远超出纯粹的经济范畴。最近，美国科学社会应用研究所（Institute of Science in Society）的一项调查显示，绿色作物能够更好地抵御旱涝期。研究所在长达 23 年的时间里对三类土地进行了对比，其中，两种为绿色种植，一种为传统种植，并最终从科学上证明绿色种植的地块具备更好的水分吸收和抗土壤侵蚀能力，而且植物可以在地里深深扎根。此外，这两片地块的产量也更高。

卡丽娜·卢·马蒂尼翁：别的地方做过这种实验吗？

菲利普·德布罗斯：做过。瑞士生态农业研究所（IRAB）在进行了 21 年的观察之后，证明生态农业体系可以节省资源，还能改善土壤的肥沃程度，因为生态农业体系并不使用化学物质。在使用杀虫剂和传统肥料处理的对照地块中发现了土壤侵蚀的现象，但在生态农业地块上则没有这种问题。生态农业还可以保护水资源，并预防食物中的营养素枯竭。

卡丽娜·卢·马蒂尼翁：您为什么认为生态农业产品的质量优于传统种植模式出产的产品呢？

莉莉安·勒戈夫：国家健康与医学研究院（INSERM）的一个团队在茹瓦耶（Joyeux）教授的指导下进行的一项调查

就证明，绿色产品的营养含量平均比因袭农业产品高 25%。这种“高”涉及所有营养素，尤其是纤维、能预防心血管疾病的不饱和脂肪酸以及抗氧化微量营养素。国家健康与医学研究院还开展了另外一项名为“有抗氧化作用的维生素与矿物质的补充”（SU. VI. M. AX）的调查，发现法国人的饮食中缺少维生素，而且提供的抗氧化维生素和微量元素以及维生素 B 也存在不足。过于重视产量而忽视质量的结果就是使物种变得脆弱，所含的营养物质越来越少，最终导致对污染性处理（化肥、杀虫剂以及在动物身上长期使用的人工饲料和抗生素）的依赖。失去活力又受到污染的食物就对人类健康构成了明显的威胁。

卡丽娜·卢·马蒂尼翁：具体有哪些威胁呢？

莉莉安·勒戈夫：威胁很多，例如免疫缺陷和慢性疲劳导致的人体脆弱化和氧化，易患超重、糖尿病、过敏、心血管疾病、癌症，等等。

卡丽娜·卢·马蒂尼翁：但是医学科学院最近的声称引发了不安，他们怀疑，绿色谷物可能携带有害菌群，而由于不含防腐剂，这些菌群可能会继续生长。

菲利普·德布罗斯：法国食品卫生安全署（AFSSA）开展的一项研究表明，虽然有些人认为绿色产品中含有更多由霉菌产生的致癌毒素，但实际上这些毒素在绿色产品中的含量是低于传统产品的。

莉莉安·勒戈夫：医学科学院怀疑的依据看似有理，实则不然。由于绿色种植不使用杀虫剂，所以绿色产品就一定含有有毒菌群。这种看法其实忽视了这样一个事实：生理机制得到尊重的产品本身就具备能够抵御寄生虫的良好免疫系统。现代生物学之父克洛德·贝尔纳（Claude Bernard）有句名言："细菌不重要，土壤才是最重要的"（Le germe n'est rien, le terrain est tout）。另外，联合国粮食及农业组织最近的一份关于生态农业对食品无害性和质量的影响的报告也证明，使用绿色草料喂养的牛比起传统方式喂养的牛，其牛奶中含有霉菌的概率更低，后者的奶水中则同时含有霉菌和杀虫剂成分。

选择质量的代价

卡丽娜·卢·马蒂尼翁：还有人经常指责绿色产品的成本相对来说要更高一些。

莉莉安·勒戈夫：生态农业确实是人们选择食品质量需要付出的代价，它可以避免本书中提到的所有危害，因为它不使用合成化学产品，尊重物种的发育和生理成熟过程，而且有利于土壤中资源的更新。生态农业标志也向消费者保障产品的透明度和可追溯性。然而，质量是要用代价换取的，毕竟要考虑人工劳动力的问题。尽管如此，要知道，消费者实际花在集约农业生产产品上的钱要比选择生态农业产品高出3~4倍，因为这些产品的成本需要算上政府补贴和污染治理费用。此外，前者使我们不知道怎么吃，也不知道吃什么才能避开朊病毒、李斯特菌、沙门氏菌、转基因产品、硝酸盐、杀虫剂、二噁英、激素，等等。等我们意识到这一点时，拿价格说事就毫无意义了。

多米尼克·布尔格：20世纪50年代以来，食品价格下降了75%。现代生活的舒适离不开食品价格的降低，而后者又与对农业的破坏密不可分。想要变革整个体制，不付出一点代价是不行的。

卡丽娜·卢·马蒂尼翁：在实践中，如果既想保证质量，又不想增加预算，该怎么做呢？

莉莉安·勒戈夫：首先要做到的是更合理地饮食，也就是说，要保持膳食的多样性和平衡。我们平时肉和肉制品吃得太多，蔬菜摄入不足。20世纪50年代以来，人们摒弃了植物蛋白，追捧动物蛋白，随之摄入的通常还有饱和脂肪。现在我们知道，过量摄入这些物质会诱发心血管疾病和某些癌症。因此，日常饮食摄入多样化在健康和经济层面都有好处。在每个产品上多花一点钱，实现餐桌上动物产品（花费较多）和植物产品（花费较少）的良好分配，就可以在总体上少花钱。在一餐中将全谷物食品和豆类结合在一起食用，能够提供与肉制品等量的蛋白质以及更多的营养物质（纤维、淀粉、维生素和矿物质）。总体来说，在相同的预算下，两周的时间里，吃十顿左右这样的正餐，在摄入更少绿色肉类的基础上，省下来的钱可以购买任何绿色食品。

卡丽娜·卢·马蒂尼翁：2001年完成并公布的一项调查表明，90%的消费者更倾向于不使用化肥的农业，但是，绿色产品只占供应总量的2%！该如何缩短这种差距呢？

多米尼克·布尔格：各大超市应该继续努力尽可能地面向所有社会阶层开辟这类食品的市场。为此，政府也应该鼓起勇气提出和培养新的消费模式，例如鼓励学校食堂、政府机关以及集体餐饮行业更多地采购绿色和可持续农业产品，至少也要实现理性消费。

卡丽娜·卢·马蒂尼翁：鼓励一种服务于生命的农业。

莉莉安·勒戈夫：不少地方政府在意识到应该重视食品质量后，开始发展生态农业，或者干脆发展农村农业，并随之开辟出能够促使农业人口坚定地发展服务于生命的农业的高质量市场。健康与均衡饮食作为社会经济的一个组成部分，对调整南北国家关系和在全球范围内消除饥饿来说也十分重要。

卡丽娜·卢·马蒂尼翁：生态农业是什么时候出现的？

菲利普·德布罗斯：这个概念首次出现在20世纪20年代农业生产者和科学家之间的一次激烈争论中，争论的焦点是鲁道夫·斯坦纳（Rudolf Steiner）提出的植物人工授精。不久后，英国农学家阿尔伯特·霍华德爵士（Sir Albert Howard）公布了他在国外进行的有机农业试验（即一种使用化学制剂来刺激土壤活力的方法），尤其是20世纪40年代在印度进行的试验。他当时就对化学农业进行了猛烈抨击。而在同时期的德国，另外一位农学家埃伦弗里德·法伊弗（Ehrenfried Pfeiffer）也提出了相似的学说。生态农业的概念就这样诞生了。

卡丽娜·卢·马蒂尼翁：这个概念是何时出现在法国的呢？

菲利普·德布罗斯：这种农业的原理是在第二次世界大战结束后，在消费者、医生和农民的推动下出现在法国的。二十年后，支持生态农业的活跃人士开始形成组织，而这些专业组织率先推出官方规章制度，同时出现的使用规范也成为世界上大部分国家立法的模型。1996年，欧盟范围内有大约5万个生态农业生产商，如今已增至15万个。如果算上10个新加入欧盟的国家，这个数字达到了17.5万。

卡丽娜·卢·马蒂尼翁：生态农业是在什么时候得到官方承认的呢？

菲利普·德布罗斯：生态农业于1980年在法国得到官方承认，于1991年6月24日得到欧共体承认。这个日期标志着生态农业在欧洲的起航，而动物生产则是在8年后才被纳入到欧洲的法规体系中。从那时起，所有生产、加工、包装、贴标和上市工作都受到了严格规定和定期监管的约束，任何违规行为都将受到严厉惩罚，包括永久注销违规者的从业资格、罚款以及对蓄意欺诈行为处以监禁刑罚。

卡丽娜·卢·马蒂尼翁：由谁来负责监管？

菲利普·德布罗斯：在法国，有5个代理机构接受了这项任务，两个主要机构分别是欧盟有机认证（Ecocert）和法国质量协会（Qualité France）。我们可以通过归法国农业部所有的AB标志立刻辨认出绿色产品，该标志再加上BIO标志，可以确保这些产品依靠其特有的生产方式，可以做到不含任何合成化学物质。此外，由专家、政府代表和消费者组成的国家生态农业委员会（Commission Nationale de l'Agriculture Biologique）还会负责监督生态农业的良好运行，并围绕这一产业的发展和进步应采取的措施向各部部长建言献策。

缓慢的进步

卡丽娜·卢·马蒂尼翁：为什么生态农业在法国的发展速度不能更快一点呢？

菲利普·德布罗斯：因为目前存在的社会与文化制约使生产至上主义农业得以苟延残喘。各个农化公司给出的总是同一套官方理由：产量的广阔前景，能够为面临饥饿致死的人提供食物，等等。除此之外，共同农业政策还在为单一种植模式按公顷提供津贴。只要这个体系维持下去，生产质量就不可能有任何提高！这一问题也亟待一场深入的改革。

卡丽娜·卢·马蒂尼翁：农业部长在去年2月宣布了一系列有利于发展生态农业的措施。

菲利普·德布罗斯：确实如此，为了再次推动向生态农业的转变发展，国家拿出了13%的可持续农业合同专款，即在5年内拨款5000万欧元。但是，相比之下，每年因袭农业的补贴高达270亿欧元，而且如果按照绿色农业生产人员比例（约2%）来算，生态农业每年本应得到近6亿欧元的补贴，也就是比目前的数额应该高出10倍。所以，我们还远未实现目标和公平待遇。

卡丽娜·卢·马蒂尼翁：人们将来会明白，为重视环境与健康的农耕方式提供更大力度的补贴是一条出路。除此之外呢？

菲利普·德布罗斯：由地方和国家机构鼓励购买绿色产品，在这方面可以以意大利的学校为榜样，这些学校促进了生态农业在全国范围内的发展；加大宣传力度，使农民意识到他们在使用有毒物质时所面临的风险；就种植和养殖中的绿色技术对农民进行培训；在每个省建立能够帮助和引导每一位愿意从事生态农业或农村农业的种植者或养殖者的机构。

卡丽娜·卢·马蒂尼翁：法国和欧洲绿色产品市场的发展程度如何？

菲利普·德布罗斯：欧洲的市场目前正在以20%~30%的速度蓬勃发展，其中德国占有最大的市场份额。此外，刚才我们已经说过，绿色产品目前已经出现在大型超市里了。1990年，Monoprix[①]超市一马当先，在货架上摆满了纯天然水果和蔬菜；Carrefour（家乐福）紧随其后，与生产商和运输商建立了合作伙伴关系，并推出了自产系列；Auchan（欧尚）、Intermarché、Leclerc、Cora、Casino等超市也纷纷行动。

变化中的世界

卡丽娜·卢·马蒂尼翁：也就是说前景还算不错？

菲利普·德布罗斯：法国、德国、意大利、西班牙和英国的生态农业年营业额为80亿欧元，其中有32亿欧元由德国创造。2001—2002年，生态农业种植面积提高了23%。然

① Monoprix与后文中的Intermarché、Leclerc、Cora、Casino，均为法国连锁超市品牌。——译者注

而，法国仅有1.8%的农业用地用于种植绿色产品，在欧洲排第13名，在世界上仅位列第25名。对于20年前还是这一行业领头羊的法国来说，这可真够讽刺的，而近几年来其他国家却发生着积极的变化。

卡丽娜·卢·马蒂尼翁：其他国家有哪些国家？

菲利普·德布罗斯：在东南亚，继印度和日本之后，泰国也将生态农业纳入了教学大纲；在拉丁美洲，墨西哥最近启动了国家生态农业发展计划；在北欧芬兰、冰岛和瑞典也采取措施，通过对化肥和杀虫剂征税来控制农业污染，瑞典在1986—1993年间的杀虫剂用量也因此减少了65%，此外还推出了农业生产人员培训课程计划；其他欧洲国家，例如，奥地利开展了一项向生态农业转变的计划；荷兰也向愿意转向生态农业的人群发放了相当可观的津贴。

卡丽娜·卢·马蒂尼翁：可是与此同时，法国仍在继续为生产至上主义农业提供高额补贴，却鲜少支持生态农业。还有其他倡议行动吗？

菲利普·德布罗斯：国际有机农业联盟（IFOAM）——一个农业生物学人士的全球性联盟——自1999年以来在中国、日本、韩国、菲律宾、越南、泰国、印度尼西亚、印度和澳大利亚组织了多项发展计划，其中心思想在于维护满足基本生存需求的传统基础。这些国家已经在进行混合栽培了，也就是说在同一片农田中种植多种植物，每种植物都与其相邻的植物共同生长，这样做相当于将多种植物的属性结合起来，从而达到不使用杀虫剂和人工肥料的目的。最成功的例子当属古巴。苏联解体后，古巴曾一度无法进口任何化学产品，当时的农民们不得不寻求替代方法。

卡丽娜·卢·马蒂尼翁：他们找到了哪种方法？

菲利普·德布罗斯：面对甘薯地里象虫的迅速繁殖，他们直接想到的是利用蜂蜜引来象虫的主要天敌——一种蚂蚁。最令人意想不到的是，这种方法竟然提高了甘薯的产粮。这些农民被迫转向生态农业，而这也有力地证明了在不得不适应自给农业时，生态农业或农村农业更具优势。

简单的行动

卡丽娜·卢·马蒂尼翁：通过简单行动就能够获得可持续的结果吗？

菲利普·德布罗斯：是的。法国阿尔代什省（Ardèche）农业生物学家皮埃尔·拉比（Pierre Rabhi）称，在巴西的巴拉那州（Paraná），50% 的耕地实施着休耕制度，大量减少了人工肥料的使用，而且土壤侵蚀规模也缩减了 90%。还有一个获得了积极效果的做法实例，我们都知道，种植树木和篱墙可以保护土壤；正是在尊重这一事实的基础上，尼日尔马加河谷（Vallée de Majjia）的农民们得以保护土壤并保持了谷物生长所必需的湿度。

卡丽娜·卢·马蒂尼翁：他们是怎么做的？

菲利普·德布罗斯：只是种植了印楝（Lilas des Indes）这么简单！但谷物产量提高了20%。在世界范围内，有很多能够证明不使用任何化学产品组合也可获得良好经济效益的例子。曾获得“优秀民生奖”（Right Livelihood Award）的印度人范达娜·席娃（Vandana Shiva）[①]就在她的教学农场上证实了这一点。多亏了她的积极参与和贡献，1500多个稻谷品种得以保存下来。要知道，在著名的“绿色革命”到来之前，全球原本有超过30000个稻谷品种。

卡丽娜·卢·马蒂尼翁：多样化种植有这么重要吗？

菲利普·德布罗斯：有一个例子让我印象深刻。欧洲最近的几次大饥荒中，就有一次发生在爱尔兰——1840年，共有200万人口在这次灾难中死亡，饥荒还引发了大批人口向美国移民。当时，爱尔兰人食用的是几十年来都在同一片土地上种植的单一品种的土豆，而这种土豆最终变得十分脆弱，并染上了一种寄生虫病。这种病来势凶猛，摧毁了所有农作

---

①《食物主权与生态女性主义——范达娜·席娃访谈录》（李欧内·阿斯特鲁克著，王存苗译）即将由中国文联出版社于2018年6月出版。

物，使人们失去了主要的食物来源。如今，因袭农业的主要特点为基因统一化，而面对基因统一化，我们又有多大把握能躲过这场浩劫呢？我还可以再举发生在第三世界的一系列地方性饥荒的例子，它们都是由殖民列强带来的动乱造成的，这些国家为非粮食性作物（橡胶、棉花、烟草等）开垦土地，开发自然资源，损害了对当地人口十分重要的粮食种植。

反思粮食生产

卡丽娜·卢·马蒂尼翁：这种传统农业真的能养活全世界的人口吗？

菲利普·德布罗斯：当然了！因为在那些首要任务是以最低成本养活人口的发展中国家，传统农业可以实现就地取材。皮埃尔·拉比就通过多次试验证明了这样做的可行性，而他本人也成了萨赫勒地区（Sahel）农业生态发展与粮食自给计划（Projets de Développement Écologique et d'Autonomie Alimentaire）的发起者与组织者。1985年，他在布基纳法索（Burkina Faso）北部的戈罗姆-戈罗姆（Gorom Gorom）成立了一家培训中心。皮埃尔·拉比的这项举措使当地人民走出了他们曾深陷其中的西方农耕模式，并唤醒了他们关于维生的那些简单行动的记忆。这项举措还证明了我们仅通过天然肥料和对土壤的天然保护就可以提高产量！在这个模式的基础上，洪都拉斯、厄瓜多尔 尼加拉瓜、斯里兰卡、巴基斯坦、马达加斯加、菲律宾都相继推出了其他项目，每一次都收获了积极的结果。通过这种农业形式，国家和人民都获得了自由，因为他们在粮食和创造方面获得了自主权。

卡丽娜·卢·马蒂尼翁：让农业这种对人类生存来说必不可少的特殊活动服从于国际商品化法则，这样做带来的问题比解决的问题还要多？

弗朗索瓦·普拉萨尔 :是的,而且通过由各个独立银行和美国创造的国际货币——美元,开启了一场注定不平等的游戏,在推动产业化连作的同时毁掉了当地的粮食种植业。智利发展外交官胡安·索马维亚(Huan Somavia)曾就此说道 :“冷战以来我们所做的一切其实就是用社会炸弹代替了核弹。”这枚炸弹会爆炸吗？当今世界就像一个双脚由黏土捏造的巨人，下面风化的速度比上面建造的速度更快,因此当务之急是打造新的基座。

卡丽娜·卢·马蒂尼翁：如何打造这个基座？

弗朗索瓦·普拉萨尔：考虑到如今全球超过半数的人口是农民和农村地区人口，而且其中绝大多数都处在贫困和饥饿之中，重建工作必然意味着出台一项能够在全社会、人口、食品质量、农业与环境活动之间建立一种可持续关系的新政策。我们完全可以构思两项并行的政策：既追求产量，又注意总体和区域平衡；既重视监管下的市场活力，又尊重大自然的节奏和相关人口的有效参与。未来，欧洲会接受这一挑战并树立榜样吗？在我们的民主国家中，我们手中既握有一张影响政治走向的选票，也有决定日常饮食采购的一票。

负责任的消费

成为消费—参与者

卡丽娜·卢·马蒂尼翁：面对势头正盛的全球贸易，想要推动改变的发生，只靠个人行动和做出消费选择就够了吗？

莉莉安·勒戈夫：如今，进行负责任的消费不但对个人以及对个人和子女的健康来说十分重要，而且从与生产者的相互依赖关系来看也是如此，生产者应该能够在有尊严地生活的同时关心产品质量。公平贸易应该既惠及种植奎奴亚藜（Quinoa，一种高原谷物）的玻利维亚农民，也惠及当地不使用杀虫剂和化肥的农民。现在每个人都应该认识到这样一个事实：优质食物资源的保护同样且尤其取决于我们每一个人的日常行为。在这个可持续发展蒸蒸日上的时代，如果不把全体公民动员起来的话，那么即便是在面对压力集团的影响和民族利己主义时最具开明意义的国际公约也只能是一纸空文。

弗朗索瓦·普拉萨尔：两个个体的行动结合起来，就可以形成一种总体动员，对法律和企业产生一定的影响。如果我们真的愿意看到改变，那么解决办法可以也必须依靠我们中的每一个人：从个人的消费行为到集体行动。我们应该成为“消费—参与者”。选择非暴力方式并不等于消极对待，而是为了建立一种均衡的态势，促使多方参与者进行真正的对话。

卡丽娜·卢·马蒂尼翁：存在无害的购买行为吗？

莉莉安·勒戈夫：不存在，因为每个人都在影响着生产方式和经济组织方式。如果每个人都能够知行合一地使用其购买力，就可以实现一种更加团结也更加尊重人类的经济。毕竟，通过购买污染行为始作俑者的产品来支持污染，那揭露与污染行为有关的风险还有什么意义？当然没有任何意义。政府、决策者和公民之间几乎一直处于相互较劲的均势，不过，想要让政府和决策者听到我们的心声，其实有一个简单的、非暴力的而且十分有效的方法：那就是成为消费—参与者，在进行选择时不但考虑价格，也要参照卫生、社会和环境标准。此外，公民还应该负起责任来，拒绝屈从，拒绝听天由命。公民的购买力应该成为一种真正意义上的决策力，而公民的菜篮子也应该成为一枚日常生活中的选票。

多种替代办法

卡丽娜·卢·马蒂尼翁：也就是说需要公民的辛勤付出？

弗朗索瓦·普拉萨尔：是的。例如，在这里，大家可以组团去超市检查非转基因产品或公平贸易产品标识是否清晰可见；在那里，例如在某个发展中国家，可以设立信息处，举报那些明明本地产品完全可以满足需求，却非要宣扬进口面包和奶粉对健康有益的广告。公民协作力量的大小，取决于公民在提出强有力的象征性行动方面的想象力和创造力。

卡丽娜·卢·马蒂尼翁：还有一种名为理性农业（Agriculture Raisonnée）的形式似乎也可以替代生产至上主义农业。这种形式具体指什么？

莉莉安·勒戈夫：这是由理性及环保农业论坛（FARRE）网络提出的一种农业，该网络由农业经营者联合会（FNSEA）农工会、全国农业青年联合会（CNJA）和控制植物病害产品企业（通过作物保护企业协会）于1993年共同设立。在已有的美国原型基础上，法国的创新理念在于提出一种旨在提升农业生产者形象的推广策略，尤其是关于他们与环境的关系的形象。

卡丽娜·卢·马蒂尼翁：这种农业真的能替代生产至上主

义及其衍生产物吗?

多米尼克·布尔格:这一点确实值得怀疑,因为理性农业并未触及工业化农业的根源——一贯使用杀虫剂、化肥,进行产业化养殖,依赖机械化,以及全盘接受转基因产品。更何况理性农业从一开始就没有真正考虑过环境问题,它只是重塑被视为万恶之源的农业生产者形象的一种手段,后来才开始重视生态问题。这个方面目的考虑前已被纳入2003年出台的《国家理性农业参考》(*Référentiel National de l'Agriculture Raisonnée*)规范细则。

卡丽娜·卢·马蒂尼翁:细则的主要方针是什么?

多米尼克·布尔格:鼓励农业生产者有限度地使用农用产品(并不是完全停用),节约和管理水的消耗。总之,就是在维持经济效益的同时,积极控制传统集约型农业的危害。就目前法国的状况来看,我们不得不考虑推行这项运动,否则就会失去一个让全国大多数农民转向可持续且对环境损害较小的做法的机会。

卡丽娜·卢·马蒂尼翁:为什么不干脆规定采用从生态学角度上来说更加根本的耕作方式?

多米尼克·布尔格:由于历史原因,农业在法国一直占有非常特殊的地位。第二次世界大战前夕,法国的农业人口比例高达总人口的40%。国家在战后经历了一次快速的变革，成为最重视著名的“绿色革命”的国家之一。

卡丽娜·卢·马蒂尼翁：时至今日，我们开始承受相应的生态、社会和经济后果了？

多米尼克·布尔格：确实如此。不过，尽管这次革命造成了农业人口数量骤减和现代化速度过快，但其收获也是很大的，最重要的就是提高了大部分农民的生活水平。仅仅用了一代人的时间，曾经贫困的奥布省（Aube）就成为多个大型产业化农场的驻扎地。其实，让这些人一夜之间就改变这种不久前帮助他们摆脱贫穷的农业习惯做法，也是不现实的。就个人而言，我已经作出了选择，我会消费绿色产品，但我并会做一个孤立的人。所以，我要思考法国农业的社会学以及法国这种独特的历史和经济状况，既然我们不可能在一代人的时间里让这些农业生产人员转投生态农业。

卡丽娜·卢·马蒂尼翁：所以说，理性农业可以成为一种促使逐渐转向更佳做法的方式？

多米尼克·布尔格：是的，但并不妨碍我们鼓励发展可持续农业，并根据不同的地域、种植情况和相互间的启发在各个层面开展创新活动。我始终坚持多元化原则，拒绝任何教条主义观点。除了生态农业，还可能存在其他途径，而这些途径建立在技术创新与生态系统复杂性知识相结合的基础上。

接下来，我们每个人都要适应同一个且唯一的目标：在未来的几十年内，着力减少人类活动对生物圈的影响。

卡丽娜·卢·马蒂尼翁：还有其他相关网络吗？

弗朗索瓦·普拉萨尔：还有其他的，可持续农业网络（RAD）就是其中之一。该网络集结了约2000名农民，他们虽然不属于生态农业产业，却十分坚定地践行环保种植。他们的计划是生产可长期保存的产品，并提倡建立一个在团结一致以及地区、国家和个人有效交流基础上的联合网络。这是一种共同思考、共同行动、与他人建立联系，从而摆脱农业体制约束的方式。还有一个名为维护农村农业联合会（AMAP）的网络。

卡丽娜·卢·马蒂尼翁：这是怎样一个网络？

弗朗索瓦·普拉萨尔：维护农村农业联合会通过一种独特的方式为传统小农业生产者提供支持。它在生产者和消费者群体之间建立直接联系，这些消费者会提前购买一部分当季收获物，这样农业生产者就能获得一笔工资。很明显，这种合作关系建立在食品的营养水平基础上，但也取决于双方之间关系的好坏——这就意味着要确保农业生产者事先获得一笔收入，而且要订立一个无论对他们还是对消费者来说都公平的价格。

卡丽娜·卢·马蒂尼翁：这个点子是怎么冒出来的？

弗朗索瓦·普拉萨尔：维护农村农业联合会的起源可以追溯到20世纪60年代。在日本，当时的妈妈们十分担心农业产业化及其对孩子们的食品质量的影响。于是，她们聚到一起，并产生了一个新颖的念头，那就是与一名农业生产者签订一份合同。根据这份合同，如果他承诺不使用任何化学制剂，她们就会保证购买他的产品。由此诞生了最初的“提携农业”（Teikei），字面意思是“把农民的脸放在食品上”。每四个日本家庭中就有一个参与到这种农业体系中。1993年的参与人数就达到了1600万。

团结网络

卡丽娜·卢·马蒂尼翁：这种策略后来推广到了全世界？

弗朗索瓦·普拉萨尔：首先传到了欧洲，主要是德国、奥地利和瑞士；在大约二十年后即20世纪80年代引入美国，但为的却是另一个目的：应对大批农业生产者消失的问题，并使贫困人口获得优质食品。之后是加拿大和英国。法国直到2001年才在土伦（Toulon）一对从事农业生产的夫妇的推动下进行初次尝试。从那以后，这种农业现象迅速在全球开花结果，并呈现出不同的形式。

卡丽娜·卢·马蒂尼翁：这种农业现象都有哪些形式？

弗朗索瓦·普拉萨尔：例如，位于沙勒泽尔省（Chalezeule）的集体所有制的“科卡涅菜园”（Jardins de Cocagne），在那里工作的是生活有困难的人。他们接受职业菜农的指导，菜园的产品随后分配给菜园的会员。那里当然十分看重耕种方式，同时也很注意种植品种的多样性。其他地方的农场主与各个消费者协会和动物保护协会（SPA）进行合作，让收入微薄的家庭也能吃上猪肉。在这些地方提倡的是优先考虑动物福祉的养殖模式。为了满足家长希望孩子在学校食堂吃上优质产品的需求，雷恩省（Renne）和圣克莱尔-德-阿卢兹省（Saint-Claire-de-Halouze）的生产者组成经济利益联合体（GIE），在民选代表的支持下确保当地食堂的供应。

卡丽娜·卢·马蒂尼翁：参与这种网络本身也是一种替代办法吗？

弗朗索瓦·普拉萨尔：那当然了。参与当地的维护农村农业联合会，就意味着支持农民农业或生态农业，还意味着能够吃上健康食品而花费却只是偶尔高于传统贸易的价格，更意味着成为拉近城市与相邻农村地区距离的重要角色。消费者群体一旦与传统手工农场建立直接联系，他们之间的关系很快就会超越单纯的商业合同关系，通常会变成其他事件、其他人类计划的载体。

卡丽娜·卢·马蒂尼翁：这样一来就超越了经济主义[1]？

弗朗索瓦·普拉萨尔：是这样的。贫穷的全球化趋势在很多地区转变成了悲剧，如果我们想要对这种趋势做出补救，如果我们希望新的千年是和平、分享、多样化和保护自然的千年，我们就要通过个人努力或者通过各种沟通、运转和消费模式将我们的组织机构和做法从经济极权制中解放出来。值得一提的是，农民联盟最近在一项定义农村农业的方针宪章中提出：对产量进行分配，让更多的人能够参与到这项职业中来并以此为生；与欧洲和世界其他地区的农民团结一致；尊重自然，“土地不是从父母那里继承来的，而是从子孙手中借来的”（On n'hérite pas la terre de nos parents, on l'emprunte à nos enfants）；更充分地利用丰富资源，节约稀有资源；追求农产品购买、生产、加工和销售的透明度；保障产品的良好口感和卫生质量；最大化农业开发过程中的自主性，等等。

植根于土地的人类

卡丽娜·卢·马蒂尼翁：归结起来就是说，有必要回归农业的基本功能，即满足人口的需求，保障人口食品安全，与此同时还要保护资源和环境？

---

① 经济主义是指一种追求眼前经济利益的思潮。——译者注

罗兰·阿尔比尼亚克：是的。我们要减少发达国家对农业的补贴，并鼓励发展既能在经济上盈利，又能在生态方面为所有合作者所接受的生产体系，以此来避免价格和数量的不平衡。我们要鼓励在与发展中国家社会经济状况达到平衡的前提下追求农业产量，同时还要考虑生态方面的限制。

菲利普·德布罗斯：我们要停止用化学产品来代替人力。将来也许可以做到既满足食物生产的要求，同时改善失业状况并保护环境。我们要重新给予农业经营以自主性，并使生产多样化，以便种地人可以体面地以耕地为生。要知道，生产的收入只是加工的十分之一，因此农业生产者应该尽可能多地投入到产品加工中，并且充分利用其经营产品的互补性，例如动物排泄物可以用在地里，而土地也可以供养动物。

卡丽娜·卢·马蒂尼翁：其实就是要停止将人类排除在外，并重现农民工作的价值？

让-保罗·德莱亚热："农民"一词用来指代耕种土地、哺育人类之人，其含义再丰富不过了。说它含义丰富，是因为这个词展现出来的是一项活动、一种状态、一段时间、一次扎根。我非常喜欢埃德加·皮萨尼（Edgar Pisani）在其著作《老人与土地》（*Un vieil homme et la terre*）中的一段话："一位从事农业的人，在需要他的时候，陪伴着发芽的谷粒，开放的花苞，产仔的母牛，发酵的葡萄汁，成熟的果实，以及陈酿着并有朝一日年份加身的葡萄酒。存续繁衍着的生命啊！大自然啊！而政治应该成为社会和世界的耕种者。”

卡丽娜·卢·马蒂尼翁：如果像世界贸易组织要求的那样，将竞争规则引入农业，像对待其他商品那样对待食品，会发生什么情况？

让-保罗·德莱亚热：这对于十分重要的农村农业来说显然将是一个悲剧。2003年9月世贸组织坎昆会议（Conférence de l'OMC de Cancun）的失败对于发展中国家所有农民来说应该作为一次暂时性的胜利受到欢迎，因为会议否决的是市场的全面开放，这种开放等于给发展中国家农民判了死刑。有些农学家认为，再增加两千多万座现代农场，就能够生产出城市消费者购买的绝大部分农村农业产品。还有人构思出了最离谱的空想，就例如三角园计划（Deltapark）。这是一家位于鹿特丹市中心的六层农业工厂，里面可容纳30万头猪、120万只鸡和数百万条三文鱼。每一层都种植不同的产品（蘑菇、苦苣、蔬菜、花卉等），动物都是现场宰杀，各种废料也是就地循环再利用。这种位于城市中心的农业产业化模式会彻底消灭最后一批依靠家里农田过活的农民，而且也就是需要几十年的工夫。这些新产生的穷人该何去何从？到了2050

年，将没有任何工业发展规划，也没有任何城市拓展计划能够接纳这些被连根拔起的人群，哪怕是其中的四分之一或三分之一。尽管状况糟糕但尚在养育着他们的土地又会怎样？他们耕种了几千年的土地和风景呢？

弗朗索瓦·普拉萨尔：对于跨国企业来说，食物是一种收入来源，而不再是生命之源或生计。它们的利润只能依靠摧毁那些自给自足的体系来实现增长。孟山都和嘉吉这样的农产品加工业巨头努力依靠种子销售、食品加工和经营对全球农业经济进行控制，走在了市场全球化进程的最前沿。农民因此失去了多样性守护者和土壤、水、气候及种子生产管理者的身份。

卡丽娜·卢·马蒂尼翁：那该怎么办呢？

让-保罗·德莱亚热：政府应该出于环保和社会原因要求支持农村农业！要做到这一点，就必须制定一系列能够调控市场与农村农业之间关系的政策，同时满足两个条件：一是尊重大的生态循环，二是确保世界所有人口和地区的必要的食品安全。如果国际社会上其他组织（消费者协会、环保活动等）的意识无法趋同，拉丁美洲、非洲尤其是亚洲组织的农民抗议活动就不可能成功。农民本身的生存，乃至人类和地球——目前已知人类唯一可能的栖息地——的生存都离不开这样的团结关系。全球食品的走向只能以农民及农民耕种的自然的前途为基础，也许这才是平衡当下与未来、权衡短期与长期的关键所在。这一切都应该成为政策选择的指路明灯。

关于尼古拉·于洛自然与人类基金会

尊重自然，就是保护人类的未来

自1990年成立以来，尼古拉·于洛自然与人类基金会就投入到关于地球生态状况知识的传播工作当中，并采取各种方式向尽可能多的人普及为减小人类活动的影响而行动起来的必要性。作为法国唯一一家致力于环境教育的知名公益组织，基金会主要围绕三个方面开展活动：水、生态公民身份和生物多样性。

全民参与的可持续发展

尼古拉·于洛自然与人类基金会着眼于促进行为的改变，以实现向建立在可持续发展基础上的新的社会与文化形式的转变。

- 使自身及他人意识到，生态、社会与经济方面的行动应同时开展，并形成一种长期的全身心投入。
- 使自身及他人意识到，每个行为都会有相应的后果，应在行动前预估这些后果，做到三思而后行。
- 使自身及他人意识到，应赋予“进步”以意义——进步是慷慨与团结的同义词。
- 使自身及他人意识到，对他人和其他生命形式的尊重决定着人类和地球的生存。所谓“他者”，即一切生命（人、动物与植物）及其生活的环境——空间上从地方到全球，时间上从过去（尊重文化）、现在（尊重差异）到未来（尊重后代）。
- 使自身及他人意识到，每个人都在这样一个社会的建设过程中扮演着重要的角色，人人参与，人人有责。

生态监督委员会

尼古拉·于洛自然与人类基金会是世界保护联盟（UICN）的成员，也是具有联合国经济及社会理事会咨商地位的非政府组织。尼古拉·于洛自然与人类基金会的工作依靠的是一个由专家组成的委员会，即生态监督委员会。

生态监督委员会由因其在环境和生态方面的能力而闻名的科学家与知名人士组成，其使命是针对时下热门的环境主题提供各种见解，以便基金会主席、基金会本身以及委员会成员能够依靠自己的影响力面向公众表达有理有据的观点。

消费—参与者的行动与选择

在保护自然方面有着一些集体性的规则或者工具，而我们的个人行动与选择也能在很大程度上起到保护地球的作用。在日常生活中，保护地球，首先意味着要少消费，精消费。

地球上各种形式生命的维护取决于对地球自然系统的保护。而保护我们自己的健康，就要净化水，实现氧气、碳和其他基本元素的循环利用，维持土壤的肥沃度，从土地、淡水和海洋中汲取食物，生产药物，维护基因多样性以达到改良农作物和家禽家畜的目的，等等。

垃圾回收利用，乘坐公共交通工具，生产和消费绿色食品，节约用水用电，提倡使用可再生能源，理性消费，等等，这一切都会对空气、土壤、水、气候和自然资源产生积极影响，而且还能保护生命以及我们自身的健康。人人有责，人人都可以成为环境的重要参与者。决定我们人类未来的，正是这些有利于生命财富的行动的总量和规模。

尼古拉·于洛自然与人类基金会生态监督委员会成员

1. 罗兰·阿尔比尼亚克（Roland Albignac）

   动物学家，法国贝桑松弗朗什 - 孔泰大学教授

2. 妮科尔·达尔梅达（Nicole d'Almeida）

   巴黎 - 索邦大学信息与传媒学教授

3. 罗贝尔·巴尔博（Robert Barbault）

   生态学家，教授，国家自然历史博物馆生态与生物多样性管理部主任，并任职于法国国家科学研究院 - 皮埃尔和玛丽居里大学

4. 多米尼克·贝尔波姆（Dominique Belpomme）

   癌病专家，大学教授（巴黎五大），法国抗癌治疗性研究协会（ARTAC）主席

5. 帕特里克·布朗（Patrick Blanc）

   热带植物学家，法国国家科学研究院副研究员，并任职于法国国家科学研究院 - 皮埃尔和玛丽居里大学热带植物实验室

6. 多米尼克·布尔格（Dominique Bourg）

   哲学家，法国可持续发展跨学科研究中心主任，特鲁瓦科技大学教授

7. 克里斯蒂安·比谢（Christian Buchet）

海洋专家，巴黎天主教学院教授，并任职于法国国家科学研究院

8. 让-保罗·德莱亚热（Jean-Paul Deléage）

科学史学家，奥尔良大学教授

9. 菲利普·德布罗斯（Philippe Desbrosses）

农业从业者，环境科学博士

10. 克里斯蒂安·迪布瓦（Christian Dubois）

项目顾问工程师，市级民选代表

11. 弗朗索瓦·盖罗勒（François Guérold）

水生生物学家，梅兹大学生态毒理学、生物多样性与环境健康实验室讲师

12. 弗朗索瓦·奥诺拉（François Honnorat）

法院律师

13. 让-马克·扬科维奇（Jean-Marc Jancovici）

顾问工程师

14. 莉莉安·勒戈夫（Lylian le Goff）

医学博士，法国自然环境联合会“生物技术”考察团成员

15. 伊冯·勒马奥（Yvon Le Maho）

生态生理学家，法国国家科学研究院研究室主任，法国科学院成员

16. 皮埃尔 - 伊夫 · 勒马祖（Pierre-Yves Le Mazou）

法院律师，H-50 协会主席

17. 蒂埃里 · 利巴尔（Thierry Libaert）

企业信息与传媒学教师

18. 玛丽 - 安托瓦妮特 · 梅里埃尔（Marie-Antoinette Mélières）

气候学家，格勒诺布尔约瑟夫傅立叶大学讲师

19. 帕斯卡尔 · 皮克（Pascal Picq）

古人类学家，法兰西学院讲师

20. 弗朗索瓦 · 普拉萨尔（François Plassard）

农业工程师，经济学博士

21. 让 - 皮埃尔 · 拉芬（Jean-Pierre Raffin）

生态学家，巴黎第七大学讲师

22. 马蒂娜 · 雷蒙 - 古尤（Martine Rémond-Gouilloud）

马恩河谷大学海洋法、环境与风险专业教授

23. 让 - 路易 · 施雷格尔（Jean-Louis Schlegel）

出版人

24. 雅克 · 韦伯（Jacques Weber）

法国生物多样性研究所主任

参考文献

Ⅰ.主要书目

1. Claude Albert et Blaise Leclerc, *Bio, raisonnée, OGM : quelle agriculture dans notre assiette ?*, Terre vivante, 2003.

2. Laurent Bartillat et Simon Retallack, *STOP*, Seuil, 2003.

3. Dominique Belpomme et Bernard Pascuito, *Ces maladies créées par l'homme : comment la dégradation de l'environnement met en péril notre santé*, Albin Michel, 2004.

4. Dominique Bourg, *Le Nouvel Age de l'écologie*, Descartes & Cie, 2003.

—— *Quel avenir pour le développement durable ?*, Le Pommier, 2002.

—— *Parcer aux risques de demain, le principe de précaution* (avec Jean-Louis Schlegel), Seuil, 2001.

—— *Pour que la Terre reste humaine* (avec Nicolas Hulot et Robert Barbault), Seuil, 1999.

5. Françoise Burgat et Robert Dantzer, *Les animaux d'élevage ont-ils droit au bien-être ?*, INRA, 2001.

6. Roger Cans et Benoît Hopquin, *Pour que vive la terre*, EPA, 2003.

7. Theo Colborn, Dianne Dumanoski et John Peterson Myers,

L'Homme en voie de disparition ?, Terre vivante, 1997.

8. Estelle Deléage, *Paysans, de la parcelle à la planète : socio-anthropologie du Réseau agiculture durable*, Syllepse, 2004.

9. Jean-Paul Deléage, *La Biosphère : notre Terre vivante*, Gallimard, 2001

—— *Vive l'eau* (avec Jean MATRICON), Gallimard, 2000.

10. Philippe Desbrosses, *La Vie en bio*, Hachette Pratique, 2001.

—— *Agriculture biologique : préservons notre futur*, Le Rocher, 1998.

—— *L'Intelligence verte : l'agriculture de demain*, Le Rocher, 1997.

—— *Nous redeviendrons paysans*, Le Rocher, 1993.

11. Jean-Pierre Digard, *L'Homme et les Animaux domestiques : anthropologie d'une passion*, Fayard, 1990.

12. Armand Farrachi, *Les poules préfèrent les cages : quand la science et l'industrie nous font croire n'importe quoi*, Albin Michel, 2000.

13. Achilles Gautier, *La Domestication*, Errance, 1990.

14. Nicolas Hulot, *Le Syndrome du Titanic*, Calmann-Lévy, 2004.

—— *Ushuaïa nature, vol. II : Voyages au cœur de l'extrême,*

Michel Lafon, 2003.

—— *Planète nature*, Michel Lafon, 2002.

—— *Ushuaïa nature, paradis au bout du monde*, Michel Lafon, 2000.

—— *Pour que la Terre reste humaine*, Seuil, 1999.

—— *On a marché sur la Terre*, Gallimard Jeunesse, 1997.

—— *De Zanzibar aux sources du Nil*, Gallimard Jeunesse, 1997.

—— *Les Chemins de traverse*, J.-C. Lattès, 1989.

—— (avec le Comité de Veille Écologique), *Combien de catastrophes avant d'agir ?*, Seuil, 2002.

15. Lylian le Goff, *Manger bio*, Flammarion, 2001.

—— *Nourrir la vie*, Roger Jollois, 1997.

16. Gilles Luneau, *La Forteresse agricole : une histoire de la FNSEA*, Fayard, 2004.

17. Louis Malassis, *L'Epopée inachevée des paysans du monde*, Fayard, 2004.

18. Karine Lou Matignon, *Tigres : l'extraordinaire aventure des tigres et des hommes* (photos de David KOSKAS), EPA, 2004.

—— *La Fabuleuse Aventure des hommes et des animaux* (avec Boris Cyrulnik et Frédéric Fougea), Chêne, 2001.

—— *Sans les animaux, le monde ne serait pas humain*, Albin

Michel, 2000.

—— *La Plus Belle Histoire des animaux* (coll.), Seuil, 2000.

—— *L'Animal, objet d'expériences : entre l'éthique et la santé publique*, Anne Carrière, 1998.

19. Marcel Mazoyer et Laurence Roudart, *Histoire des agricultures du monde : du Néolithique à la crise contemporaine*, Seuil, 1997.

20. Jean-Marie Pelt, *La Terre en héritage*, Fayard, 2000.

—— *Plantes en péril*, Fayard, 1997.

21. Edgar Pisani, *Un vieil homme et la terre*, Seuil, 2004.

22. François Plassard, *La Vie rurale, enjeu écologique et de société : propositions altermondialistes*, Yves Michel, 2003.

—— *Le Temps choisi : un nouvel art de vivre pour partager le travail autrement*, Charles Mayer Fondation, 1999.

—— *Territoire en prospective : quel nouveau contrat ville/campagne ?*, PROCIVAM, 1994.

23. Jocelyne Porcher, *Eleveurs et animaux, réinventer le lien*, PUF, 2002.

—— *Bien-être animal et travail en élevage*, INRA Editions, 2004.

24. Hubert Reeves et Frédéric Lenoir, *Mal de Terre*, Seuil, 2003.

25. Pierre Rabhi, *Du Sahara aux Cévennes : itinéraire d'un homme au service de la Terre-Mère*, Albin Michel, 2002.

—— *Parole de terre*, Albin Michel, 1996.

26. Jean-Claude Ray, *Vignerons rebelles*, Ellébore, 2004.

27. Jeremy Rifkin, *Le Siècle biotech*, La Découverte, 1998.

28. Gilles-Eric Séralini, *OGM, le vrai débat*, Flammarion, 2000.

29. Vandana Shiva, *Ethique et agro-industrie : main basse sur la vie*, L'Harmattan, 1996.

30. François Veillerette, *Pesticides : le piège se referme*, Terre vivante, 2002.

Ⅱ.其他资料

1. *Estimations des risques environnementaux des pesticides*, INRA Editions, 2004.

2. *Evaluations des risques et bénéfices nutritionnels et sanitaires des aliments issus de l'agriculture biologique*, AFSSA, 2003.

3. *Les OGM, pour quoi faire ?*, rapport d'information No. 2538 de l'Assemblée nationale, 2000.

绿色发展通识丛书 · 书目
GENERAL BOOKS OF GREEN DEVELOPMENT

09 **看不见的绿色革命**

[法] 弗洛朗·奥噶尼尔　多米尼克·鲁塞 / 著
黄黎娜 / 译

10 **马赛的城市生态实践**

[法] 巴布蒂斯·拉纳斯佩兹 / 著
刘姮序 / 译

11 **明天气候 15 问**

[法] 让-茹泽尔　奥利维尔·努瓦亚 / 著
沈玉龙 / 译

12 **内分泌干扰素**
看不见的生命威胁

[法] 玛丽恩·约伯特　弗朗索瓦·维耶莱特 / 著
李圣云 / 译

13 **能源大战**

[法] 让·玛丽·舍瓦利耶 / 著
杨挺 / 译

14 **气候地图**

[法] 弗朗索瓦-马理·布雷翁　吉勒·吕诺 / 著
李锋 / 译

15 **气候闹剧**

[法] 奥利维尔·波斯特尔-维纳 / 著
李冬冬 / 译

16 **气候在变化，那么社会呢**

[法] 弗洛伦斯·鲁道夫 / 著
顾元芬 / 译

17 **让沙漠溢出水的人**

[法] 阿兰·加歇 / 著
宋新宇 / 译

18 **认识能源**

[法] 卡特琳娜·让戴尔　雷米·莫斯利 / 著
雷晨宇 / 译

19 **认识水**

[法] 阿加特·厄曾　卡特琳娜·让戴尔　雷米·莫斯利 / 著
王思航　李锋 / 译

20 **如果鲸鱼之歌成为绝唱**

［法］让-皮埃尔·西尔维斯特 / 著
盛霜 / 译

21 **如何解决能源过渡的金融难题**

［法］阿兰·格兰德让　米黑耶·马提尼 / 著
叶蔚林 / 译

22 **生物多样性的一次次危机**
生物危机的五大历史历程
［法］帕特里克·德·维沃 / 著
吴博 / 译

23 **实用生态学（第七版）**

［法］弗朗索瓦·拉玛德 / 著
蔡婷玉 / 译

24 **食物绝境**

［法］尼古拉·于洛　法国生态监督委员会　卡丽娜·卢·马蒂尼翁 / 著
赵飒 / 译

25 **食物主权与生态女性主义**
范达娜·席娃访谈录
［法］李欧内·阿斯特鲁克 / 著
王存苗 / 译

26 **世界能源地图**

［法］伯特兰·巴雷　贝尔纳黛特·美莱娜-舒马克 / 著
李锋 / 译

27 **世界有意义吗**

［法］让-马利·贝尔特　皮埃尔·哈比 / 著
薛静密 / 译

28 **世界在我们手中**
各国可持续发展状况环球之旅
［法］马克·吉罗　西尔万·德拉韦尔涅 / 著
刘雯雯 / 译

29 **泰坦尼克号症候群**

［法］尼古拉·于洛 / 著
吴博 / 译

30 **温室效应与气候变化**

［法］斯凡特·阿伦乌尼斯　等 / 著
张铱 / 译

31 **我如何向女儿解释气候变化**

［法］让－马克·冉科维奇／著
郑园园／译

32 **向人类讲解经济**
一只昆虫的视角

［法］艾曼纽·德拉诺瓦／著
王旻／译

33 **应该害怕纳米吗**

［法］弗朗斯琳娜·玛拉诺／著
吴博／译

34 **永续经济**
走出新经济革命的迷失

［法］艾曼纽·德拉诺瓦／著
胡瑜／译

35 **勇敢行动**
全球气候治理的行动方案

［法］尼古拉·于洛／著
田晶／译

36 **与狼共栖**
人与动物的外交模式

［法］巴蒂斯特·莫里佐／著
赵冉／译

37 **正视生态伦理**
改变我们现有的生活模式

［法］科琳娜·佩吕雄／著
刘卉／译

38 **重返生态农业**

［法］皮埃尔·哈比／著
忻应嗣／译

39 **棕榈油的谎言与真相**

［法］艾玛纽埃尔·格伦德曼／著
张黎／译

40 **走出化石时代**
低碳变革就在眼前

［法］马克西姆·孔布／著
韩珠萍／译